电网调度运行安全生产

百问百查（2022年版）

国家电力调度控制中心　组编

中国电力出版社
CHINA ELECTRIC POWER PRESS

内 容 提 要

本书以一问一答一查的形式给出综合安全、调度控制、调度计划、系统运行、水电及新能源、继电保护、自动化、网络安全、电力通信九个专业的 264 项问题，全面涵盖了电网调度安全管理的工作内容，可作为各级电网调控人员进行电网调度安全培训的教材。

图书在版编目（CIP）数据

电网调度运行安全生产百问百查：2022 年版 / 国家电力调度控制中心组编. —北京：中国电力出版社，2022.4
ISBN 978-7-5198-5639-7

Ⅰ. ①电…　Ⅱ. ①国…　Ⅲ. ①电力系统调度–安全管理–中国–问题解答　Ⅳ. ①TM73–44

中国版本图书馆 CIP 数据核字（2022）第 018306 号

出版发行：中国电力出版社
地　　址：北京市东城区北京站西街 19 号（邮政编码 100005）
网　　址：http://www.cepp.sgcc.com.cn
责任编辑：刘丽平　穆智勇（zhiyong-mu@sgcc.com.cn）
责任校对：黄　蓓　常燕昆
装帧设计：张俊霞
责任印制：石　雷
印　　刷：三河市百盛印装有限公司
版　　次：2022 年 4 月第一版
印　　次：2022 年 4 月北京第一次印刷
开　　本：850 毫米×1168 毫米　32 开本
印　　张：5.875
字　　数：121 千字
印　　数：00001—20000 册
定　　价：35.00 元

编 委 会

前言

　　安全生产事关重大，须臾不可放松。牢固树立"人民至上、生命至上"安全理念，持续深化电网调度安全生产"百问百查"活动，全力抓好安全生产管理，全力确保电网安全稳定，全力保障电力可靠供应，是各级电网调度机构全面履行社会责任、服务党和国家工作大局的具体体现，是强化安全工作基础、进一步巩固和发展安全生产良好局面的必然要求。

　　随着调度专业标准体系、管理制度体系和生产组织形式的进一步优化完善，2016 年版《电网调度控制运行安全生产百问百查读本》已不能完全适应当前调度机构"百问百查"活动开展需求。国调中心为进一步提升本质安全水平，强化"百问百查"活动对调度安全生产的促进作用，在 2016 年版《电网调度控制运行安全生产百问百查读本》的基础上组织有关单位开展修订工作。本次修订重点以 2016 年后国家、监管机构和公司颁布的法律法规、企业标准、通用制度及管理规范等为依据，结合电源结构、电网特性变化等影响，重新梳理电网调度安全生产工作中可能存在的薄弱环节和管控要点，通过问、查结合的方式明确工作规范，实现调度机构各层级、各专业全面覆盖，提升调度机构安全水平。

本书适用于国家电网公司各级调度机构，由国家电网公司国调中心提出并负责解释。

编　者

2022 年 4 月

目 录

前言

一、综合安全专业

二、调 度 控 制 专 业

三、调度计划专业

四、系统运行专业

五、水电及新能源专业

六、继电保护专业

七、自动化专业

八、网 络 安 全 专 业

九、电力通信专业

电网调度运行安全生产百问百查（2022 年版）

综合安全专业

1. 调控机构安全生产控制目标是什么？

答：《国家电网有限公司调控机构安全工作规定》中规定：各级调控机构应以不发生人员责任的五级以上电网事件（事故）为基准，每年制定安全生产控制目标，省级以上调控机构安全生产目标至少应包含以下内容：

（1）不发生有人员责任的一般及以上电网事故；

（2）不发生有人员责任的一般及以上设备事故；

（3）不发生重伤及以上人身事故；

（4）不发生危害电网安全的电力监控系统网络安全事件；

（5）不发生通信故障引起的五级及以上设备事件；

（6）不发生有人员责任的五级信息系统事件；

（7）不发生有人员责任的误调度、误操作事件；

（8）不发生调控生产场所火灾事故；

（9）不发生影响公司安全生产记录的其他事故。

省级以下调控机构根据自身实际情况，参照省级以上调控机构的安全生产控制目标，每年制定本级机构和内设专业科室（班组）安全生产控制目标。

查：本调控机构文件。是否按照上级部门的要求组织开展安全生产有关活动，制定活动计划并实施；是否按时召开安全生产分析会；是否配备专职或兼职安全员，有明确的职责，并起到监督作用；是否能够及时对本单位安全事故、障碍、异常等进行分析，提出具体防范措施；是否有健全的岗位安全生产责任制并落实；是否有安全生产考核奖惩制度并落实；安全活动是否有针对性，记录是否齐全；应急机制建设及落实情况；应急预案和反事故演习；调控系统安全生产保障能力评估开展及整改情况；职工安全培训情况。

2. 调控机构安全生产保障能力评估目的和评价内容是什么？

答：《国家电网公司省级以上调控机构安全生产保障能力评估办法》（调技〔2019〕103号）中规定：安全生产保障能力评估是电网安全管理工作的重要组成部分，是发挥调控系统保证体系和监督体系作用的重要体现。其目的是对调控系统安全生产保障能力进行全面诊断和量化评价，使各级管理者和一线人员对调控系统安全状况有全面、客观的了解，为电网调控运行安全生产的决策提供依据。评价内容为调控运行、设备监控、调度计划、水电及新能源、系统运行、继电保护、自动化、电力通信、电力监控系统网络安全防护、综合技术与安全管理等专业。

查：电网调控安全生产保障能力评估工作开展情况。是否按照评价标准进行工作任务分解、落实责任；是否制定安全生产保障能力评估的工作计划；是否有自查报告、专家查评和整改措施计划；整改措施计划落实情况等。

3. 调控机构组织签订安全责任书的基本要求是什么？

答：《国家电网有限公司调控机构安全工作规定》中规定：调控机构应根据岗位变动及时制订（修订）岗位安全责任清单，逐级签订安全责任书，将安全责任分解落实到各层级、各专业、各岗位，确保安全责任落实到岗到人。安全责任书应按照两级安全生产控制目标要求，根据本岗位的安全职责制订，应具有针对性、层次性，实行多层级控制。新入职员工上岗前应签订安全责任书，人员岗位变动后，应重新签订安全责任书。

查：安全责任书是否签订，内容是否符合要求；人员岗位变动后，是否重新签订安全责任书。

4. 节假日及特殊保电等时期专项安全检查内容有哪些？

答：《国家电网有限公司调控机构安全工作规定》中规定，节假日及特殊保电等时期专项安全检查有如下内容：

（1）保电工作组织领导和工作制度执行情况。

（2）保电工作方案、事故处理方案、电网应急预案及备调运行管理情况。

（3）值班人员对节日方式和保电预案的熟悉程度；调控技术支持系统维护和管理情况；运行系统、设备和参数是否完好；电源系统、空调、消防设施、反恐安保、值班安排是否正常等。

（4）组织协调下级调控机构和运行单位保电工作进展情况。

查：建立重大活动保电制度及协调机制情况；执行重大活动保电任务时，是否按照公司对重大活动保电工作的要求制定保电工作方案、事故处理预案和电网应急预案，对涉及的保电客户采取的服务措施；重大活动保电任务完成情况。

5. 调控机构日常安全监督的主要内容有哪些？

答：《国家电网有限公司调控机构安全工作规定》中规定，调控机构日常安全监督的主要内容如下：

（1）调控操作票、调控电话录音、调控值班日志、应急预案制订（修订）和演练、在线安全风险分析执行情况；

（2）电网运行风险预警通知书发布及解除情况；

（3）电网日前停电检修工作票、电网日前计划执行情况；

（4）电力监控工作票及设备检修申请票、自动化值班日志及自动化运行消缺值班记录执行情况、外来人员进入机房环境登记记录情况、备调运转和场所管理情况；

（5）监控信息接入验收情况、集中监控许可和缺陷闭环处置等；

（6）通信系统及设备检修工作票、通信方式安排、通信系统风险预警发布、故障和缺陷处置情况等；

（7）电力监控系统安全防护措施落实情况；

（8）隐患排查及治理情况。

查：调控机构日常安全监督的开展情况是否符合要求。

6. 调控机构新入职人员安全教育的要求是什么？

答：《国家电网有限公司调控机构安全工作规定》中规定：调控机构新入职人员必须经处（科）安全教育、中心安全培训并经考试合格后方可进入专业处（科）开展工作，安全教育培训的主要内容应包括电力安全生产法律法规、技术标准、规章制度及调控机构制定的安全生产相关工作要求。

查：调控机构新入职人员安全教育培训计划、考试等工作是否符合要求。

7.《国家电网公司安全工作规定》对企业安全生产原则是怎样规定的？

答：《国家电网公司安全工作规定》[国网（安监/2）406—2014]中规定：公司各级单位应贯彻"谁主管谁负责、管业务必须管安全"的原则，做到计划、布置、检查、总结、考核业务工作的同时，计划、布置、检查、总结、考核安全工作。

查：安全生产原则是否清楚；各单位安全生产原则的遵循情况，安全工作与生产工作是否做到"五同时"。

8.《国家电网公司安全工作规定》对规程制度复查、修订的周期是怎样规定的？

答：《国家电网公司安全工作规定》[国网（安监/2）406—2014]中规定：公司所属各级单位应及时修订、复查现场规程，现场规程的补充或修订应严格履行审批程序。

（1）当上级颁发新的规程和反事故技术措施、设备系统变动、本单位事故防范措施需要时，应及时对现场规程进行补充或对有关条文进行修订，书面通知有关人员。

（2）每年应对现场规程进行一次复查、修订，并书面通知有关人员；不需修订的，也应出具经复查人、审核人、批准人签名的"可以继续执行"的书面文件，并通知有关人员。

（3）现场规程宜每 3～5 年进行一次全面修订、审定并印发。

查：有关规程、规定、制度是否按照要求补充和修订。包括调度运行规程、继电保护运行规程、电网安全稳定运行规程、规章制度等。

9.《国家电网公司安全工作规定》对安全检查的要求是什么？

答：《国家电网公司安全工作规定》〔国网（安监/2）406—2014〕中规定：公司各级单位应定期和不定期进行安全检查，组织进行春季、秋季等季节性安全检查，组织开展各类专项安全检查。安全检查前应编制检查提纲或安全检查表，经分管领导审批后执行。对查出的问题要制定整改计划并监督落实。

查：安全检查的开展情况。常规（季节性）安全检查和专项安全检查（督查）的组织、落实等环节是否闭环。

10. 反事故措施计划的编制依据是什么？

答：《国家电网公司安全工作规定》〔国网（安监/2）406—2014〕中规定，反事故措施计划应根据上级颁发的反事故技术措施、需要治理的事故隐患、需要消除的重大缺陷、提高设备可靠性的技术改进措施以及本单位事故防范对策进行编制。反事故措施计划应纳入检修、技改计划。

安全性评价结果、事故隐患排查结果应作为制定反事故措施计划和安全技术劳动保护措施计划的重要依据。防汛、抗震、防台风、防雨雪冰冻灾害等应急预案所需项目，可作为制定和修订反事故措施计划的依据。

查：各级调度系统反事故措施计划执行情况；反事故措施计划编制是否规范、内容是否充实、针对性是否很强，反事故措施计划执行是否到位。

11. 并网调度协议中必须明确的内容有哪些？

答：《国家电网公司安全工作规定》〔国网（安监/2）406—2014〕中规定，公司所属各级单位应与并网运行的发电企业（包括电力用户的自备电源和分布式电源）签订并网调度协议，在并网协议中至少应明确以下内容：

（1）对保证电网安全稳定、电能质量方面双方应承担的责任。

（2）为保证电网安全稳定、电能质量所必须满足的技术条件。

（3）对保证电网安全稳定、电能质量应遵守的运行管理、检修管理、技术管理、技术监督等规章制度。

（4）并网电厂应开展并网安全性评价工作，达到所在电网规定的并网必备条件和评分标准要求。

（5）并网电厂应参加电网企业为保证电网安全稳定、电能质量而组织的联合反事故演习。

（6）发生影响到对方的电网、设备安全稳定运行、电能质量的事故（事件），应为对方提供有关事故调查所需数据资料以及事故时的运行状态。

（7）电网企业对并网发电企业以保证电网安全稳定、电能质量为目的的安全监督内容。

查：调度并网协议内容是否符合要求。

12. 违章按照性质分为几类？按照后果分为几类？

答：《国家电网公司安全生产反违章工作管理办法》〔国网（安监/3）156—2014〕第六条规定：违章按照性质分为管理违章、行为违章和装置违章三类；按照违章后果分为严重违章和一般违章。

查：违章的分类是否清楚，有无因概念模糊造成制定的反违章措施千篇一律、考核标准和考核对象针对性差的现象。

13. 什么是管理违章？

答：《国家电网公司安全生产反违章工作管理办法》［国网（安监/3）156—2014］中规定：管理违章是指各级领导、管理人员不履行岗位安全职责，不落实安全管理要求，不健全安全规章制度，不执行安全规章制度等的各种不安全作为。

查：违章的概念是否清楚，对违章的分类及划分依据是否熟练掌握。

14. 什么是行为违章？

答：《国家电网公司安全生产反违章工作管理办法》［国网（安监/3）156—2014］中规定：行为违章是指现场作业人员在电力建设、运行、检修、营销服务等生产活动过程中，违反保证安全的规程、规定、制度、反事故措施等的不安全行为。

查：违章的概念是否清楚，对违章的分类及划分依据是否熟练掌握。

15. 什么是装置违章？

答：《国家电网公司安全生产反违章工作管理办法》［国网（安监/3）156—2014］中规定：装置违章是指生产设备、

设施、环境和作业使用的工器具及安全防护用品不满足规程、规定、标准、反事故措施等的要求，不能可靠保证人身、电网和设备安全的不安全状态和环境的不安全因素。

查：违章的概念是否清楚，对违章的分类及划分依据是否熟练掌握。

16.《国家电网有限公司安全事故调查规程》将人身、电网、设备和信息系统四类事故分为哪些等级？

答：《国家电网有限公司安全事故调查规程》（国家电网安监〔2020〕820 号）中将人身事故分为以下等级：特别重大人身事故（一级人身事件）、重大人身事故（二级人身事件）、较大人身事故（三级人身事件）、一般人身事故（四级人身事件）、五级人身事件、六级人身事件、七级人身事件、八级人身事件。

将电网事故分为以下等级：特别重大电网事故（一级电网事件）、重大电网事故（二级电网事件）、较大电网事故（三级电网事件）、一般电网事故（四级电网事件）、五级电网事件、六级电网事件、七级电网事件、八级电网事件。

将设备事故分为以下等级：特别重大设备事故（一级设备事件）、重大设备事故（二级设备事件）、较大设备事故（三级设备事件）、一般设备事故（四级设备事件）、五级设备事件、六级设备事件、七级设备事件、八级设备事件。

将信息系统事件分为以下等级：五级信息系统事件、六级信息系统事件、七级信息系统事件、八级信息系统事件。

查：对《国家电网有限公司安全事故调查规程》中关于电力安全事故等级划分标准的学习、掌握、执行情况。

17. 什么是五级电网事件？

答：《国家电网有限公司安全事故调查规程》（国家电网安监〔2020〕820号）中将以下事件定为五级电网事件：

（1）电网减供负荷，有下列情形之一者：① 城市电网（含直辖市、省级人民政府所在地城市、其他设区的市、县级市电网）减供负荷比例或者城市供电用户停电比例超过一般电网事故数值60%以上者；② 造成电网减供负荷100MW以上者。

（2）电网稳定破坏，有下列情形之一者：① 220kV以上系统中，并列运行的两个或几个电源间的局部电网或全网引起振荡，且振荡超过一个周期（功角超过360°），不论时间长短或是否拉入同步；② 220kV以上电网非正常解列成3片以上，其中至少有3片每片内解列前发电出力和供电负荷超过100MW；③ 省（自治区、直辖市）级电网与所在区域电网解列运行。

（3）电网电能质量降低，有下列情形之一者：① 在装机容量3000MW以上电网，频率偏差超出（50±0.2）Hz，延续时间30min以上；② 在装机容量3000MW以下电网，频率偏差超出（50±0.5）Hz，延续时间30min以上；③ 500kV以上电压监视控制点电压偏差超出±5%，延续时间超过1h。

（4）交流系统故障，有下列情形之一者：① 变电站内220kV以上任一电压等级运行母线跳闸全停；② 3座以上110kV（含66kV）变电站全停；③ 220kV以上系统中，一次事件造成两台以上主变压器跳闸停运；④ 500kV以上系统中，一次事件造成同一输电断面两回以上线路跳闸停运；⑤ 故障时，500kV以上断路器拒动。

（5）直流系统故障，有下列情形之一者：① ±400kV以上直流双极闭锁（不含柔性直流）；② 两回以上±400kV以上直流单极闭锁；③ ±400kV 以上柔性直流输电系统全停；④ 具有两个以上换流单元的背靠背直流输电系统换流单元全部闭锁。

（6）二次系统故障，有下列情形之一者：① 500kV 以上安全自动装置不正确动作；② 500kV 以上继电保护不正确动作致使越级跳闸。

（7）发电厂故障，有下列情形之一者：① 因电网侧故障造成发电厂一次减少出力 2000MW 以上；② 具有黑启动功能的机组在黑启动时未满足调度指令需求。

（8）县级以上地方人民政府有关部门确定的特级或一级重要电力用户，以及高速铁路、机场、城市轨道交通等电网侧供电全部中断。

查：对《国家电网有限公司安全事故调查规程》关于五级电网事件划分标准的学习、掌握、执行情况。

18. 什么是五级设备事件？

答：《国家电网有限公司安全事故调查规程》（国家电网安监〔2020〕820 号）中将以下事件定为五级设备事件：

（1）造成 50 万元以上 100 万元以下直接经济损失者。

（2）输变电主设备损坏，有下列情形之一者：① 220kV以上输变电主设备损坏，14 天（750kV 变压器、高压电抗器损坏，20 天；1000kV 变压器、高压电抗器损坏，25 天）内不能修复或修复后不能达到原铭牌出力，或虽然在 14 天（750kV 20 天，1000kV 25 天）内恢复运行，但自事故发生日起 3 个月内该设备非计划停运累计时间达 14 天（750kV 20 天，1000kV 25 天）以上；② 特高压换流站直流穿墙套管故障损坏；③ 220kV 以上主变压器、高压电抗器，±400kV 以上或背靠背直流换流站的换流变压器、平波电抗器等本体故障损坏或主绝缘击穿；④ ±400kV 以上或背靠背直流换流站的转换开关，500kV 以上断路器的套管、灭弧室或支柱瓷套故障损坏；⑤ 500kV 以上电力电缆主绝缘击穿或电缆头故障损坏；⑥ 500kV 以上交流输电线路或±400kV 以上直流输电线路倒塔。

（3）主要发电设备和 35kV 以上输变电主设备异常运行，已达到现场规程规定的紧急停运条件而未停止运行。

（4）220kV 以上系统中，安全自动装置非计划全停，且持续时间超过 24h。

（5）装机容量 600MW 以上发电厂或 500kV 以上变电站的厂（站）用直流全部失电。

（6）发电厂设备损坏，有下列情形之一者：① 100MW 以上机组的锅炉、汽轮机、水轮机、发电机等主要发电设备损坏，14 天内不能修复或修复后不能达到原铭牌出力，或虽然在 14 天内恢复运行，但自事故发生日起 3 个月内该设备非计划停运累计时间达 14 天以上；② 水电机组飞逸；③ 水电厂（含抽水蓄能电站）大坝漫坝、水淹厂房或由于水工设备、水工建筑损坏等其他原因，造成水库不能正常蓄水、泄洪；④ 水电厂在泄洪过程中发生消能防冲设施破坏、下游近坝堤岸垮塌；⑤ 水库库盆、输水道等出现较大缺陷，并导致非计划放空处理，或由于单位自身原因引起水库异常超汛限水位运行；⑥ 供热机组装机容量 200MW 以上的热电厂，在当地人民政府规定的采暖期内同时发生 2 台以上供热机组因安全故障停止运行并持续 12h。

（7）施工机械损坏，有下列情形之一者：① 大型起重机械主要受力结构件或起升机构严重变形或失效；② 飞行器（不含中小型无人机）坠落（不涉及人员）；③ 运输机械、牵张机械、大型基础施工机械主要受力结构件断裂。

（8）特高压线路张力放线发生跑线、断线。

（9）500kV 以上系统，新设备充电过程中发生三相短路。

（10）因下列原因造成高速铁路、高速公路被阻断（受阻）或城市轨道交通停运：① 电力线路倒塔、断线、掉线，或者线路弧垂过低等；② 施工跨越架、脚手架倒塌，高空坠物等。

（11）直升机飞行作业，发生下列情形之一者：① 飞行中进入急盘旋下降、飘摆、失速状态（特定训练科目除外）；② 迷航，或飞行中未经批准进入禁区、危险区、限制区、炮射区或误出国境；③ 飞行中航空器操纵面、发动机整流罩、外部舱门或风挡玻璃脱落、蒙皮揭起或张线断裂，造成航空器操纵困难；④ 飞行中航空器的任一主操纵系统完全失效，或失去全部电源，或发动机停车（特定训练科目除外）。

（12）生产经营场所发生火灾，对公司造成重大影响的。

（13）火工品、剧毒化学品、放射品丢失，或因泄漏导致环境污染造成重大影响者。

（14）主要建筑物垮塌。

（15）电力监控系统出现下列情形之一者：① 安全保护等级为四级的电力监控系统的主调系统和备调系统的SCADA 功能全部失效；② 安全保护等级为四级的电力监控

系统被有害程序或网络攻击操控；③ 数据泄露、丢失或被窃取、篡改，对公司安全生产产生特别重大影响；④ 安全保护等级为四级的电力监控系统所在机房的不间断电源系统或空气调节系统故障，造成机房内安全保护等级为四级的电力监控系统的设备停运。

（16）通信系统出现下列情形之一者：① 省电力公司级以上单位本部通信站通信业务全部中断；② 承载省际骨干通信网业务的厂站或独立通信站的通信业务全部中断；③ 承载国家电力调度控制中心直接调度保护、安控业务的厂站或独立通信站的通信业务全部中断；④ 国家电力调度控制中心、国家电网网调或省电力调度控制中心与直接调度范围内 10%以上厂站的调度电话业务、调度数据网业务全部中断；⑤ 国家电力调度控制中心、国家电网网调或省电力调度控制中心与直接调度范围内 30%以上厂站的调度数据网业务中断；⑥ 国家电力调度控制中心、国家电网网调或省电力调度控制中心与直接调度范围内 30%以上厂站的调度电话业务中断，且持续时间 1h 以上；⑦ 承载省际骨干通信网业务的厂站或独立通信站的直流通信电源系统或空气调节系统故障，造成机房内承载省际骨干通信网业务的通信设备（设施）停运。

（17）10kV 以上电气设备发生恶性电气误操作。

查：对《国家电网有限公司安全事故调查规程》关于五级设备事件划分标准的学习、掌握、执行情况。

19. 什么是五级信息系统事件？

答：《国家电网有限公司安全事故调查规程》（国家电网

安监〔2020〕820 号）中将以下事件定为五级信息系统事件：

（1）信息系统发生下列情况之一，对公司安全生产、经营活动或社会形象造成特别重大影响者：① 10 万以上用户的电费、保险、交易、资金账户等涉及用户经济利益的数据错误；② 1000 万条业务数据或用户信息泄露、丢失或被窃取、篡改；③ 公司重要商密数据泄露、丢失或被窃取、篡改；④ 公司网站被篡改。

（2）信息网络出现下列情况之一者：① 省电力公司级以上单位本地信息网络不可用，且持续时间 8h 以上；② 地市供电公司级单位本地信息网络不可用，且持续时间 16h 以上；③ 县供电公司级单位本地信息网络不可用，且持续时间 32h 以上。

（3）上下级单位间的网络不可用出现下列情况之一者：① 省电力公司级以上单位与各下属单位间的网络不可用，影响范围达 80%，且持续时间 8h 以上；② 省电力公司级以上单位与各下属单位间的网络不可用，影响范围达 40%，且持续时间 16h 以上；③ 省电力公司级以上单位与公司数据中心间的网络不可用，且持续时间 8h 以上；④ 地市供电公司级单位与全部下属单位间的网络不可用，且持续时间 16h 以上。

（4）信息系统业务中断出现下列情况之一者：① 一类信息系统业务中断，且持续时间 8h 以上；② 二类信息系统业务中断，且持续时间 16h 以上；③ 三类信息系统业务中断，且持续时间 32h 以上。

（5）信息系统纵向贯通出现下列情况之一者：① 一类信息系统纵向贯通全部中断，且持续时间 8h 以上；② 二类信息系统纵向贯通全部中断，且持续时间 24h 以上。

（6）信息机房的不间断电源系统或空气调节系统故障，造成一类信息系统停运。

查：对《国家电网有限公司安全事故调查规程》关于五级信息系统事件划分标准的学习、掌握、执行情况。

20.《国家电网有限公司安全事故调查规程》和《国家电网公司安全工作奖惩规定》中有哪些免责条款？

答：《国家电网有限公司安全事故调查规程》（国家电网安监〔2020〕820 号）中有以下免责条款：

（1）因地震、洪水、泥石流、台风、龙卷风、飑线风、雨雪冰冻等自然灾害超过设计标准承受能力，不可预见或人力不可抗拒等非人为责任引发的电网、设备和信息系统事故。

（2）为了抢救人员生命而紧急停止设备运行构成的事故。

（3）首台（套）设备、示范试验项目以及事先经过上级管理部门批准进行的科学技术实验项目，由于非人员过失所造成的事故。

（4）新投产设备（包括成套性继电保护及安全自动装置）一年以内发生由于设计、制造、施工、安装、调试、集中检修等单位负主要责任造成的五级及以下电网、设备事件，免予中断运维单位安全记录。

（5）恶劣天气或地形复杂地区夜间无法巡线的 35kV 以上输电线路或不能及时得到批准开挖检修的城网地下电缆，停运后未引起对用户少送电或电网限电，停运时间不超过

72h 者。

（6）发电机组因电网安全运行需要设置的安全自动切机装置，由于电网原因造成的自动切机装置动作，使机组被迫停机构成事故者，不中断发电厂安全记录。若切机后由于人员处理不当或设备本身故障构成事故条件的，仍应中断其安全记录。

（7）电网因安全自动装置正确动作或调度运行人员按事故处理预案进行处理的非人员责任的事故，不中断调度机构的安全记录。若由于人员处理不当或设备本身故障构成事故者，仍应中断安全记录。

（8）确定为家族性缺陷的设备，且难以采取有效措施进行防范的，发生故障造成的六级及以下事件。

（9）由于上级电网事故造成本地区电网负荷被切除，减供负荷达到地区电网考核标准，构成五级及以下事件，经事故调查无本地区电网运行管理单位责任者。

（10）不可预见或无法事先防止的外力破坏事故。

（11）无法采取预防措施的户外小动物引起的事故。

（12）公司系统内产权与运维管理分离，发生五级及以下电网、设备事件且运维管理单位没有责任者。经确认为设计缺陷、制造质量、安装工艺等非运维原因造成的五级及以下事件，且运维管理单位没有责任者。

（13）发生公司系统内其他单位负同等以上责任的七级电网、设备和信息系统安全事件，运维管理单位负同等以下责任者。

《国家电网公司安全工作奖惩规定》〔国网（安监/3）480—2015〕中规定，考核事故不包括因雨雪冰冻、暴风雪、洪水、地震、泥石流等自然灾害超过设计标准承受能力和因不可抗力发生的事故。

查：对《国家电网公司安全工作奖惩规定》和《国家电网有限公司安全事故调查规程》的学习、掌握、执行情况。

21.《国家电网有限公司安全事故调查规程》对于主要责任、同等责任、次要责任是如何定义的？

答：《国家电网有限公司安全事故调查规程》（国家电网安监〔2020〕820号）中对事故的责任归类如下：

（1）主要责任是指直接导致事故发生，对事故承担主体责任者。

（2）同等责任是指事故发生或扩大由多个主体共同承担责任者。

（3）次要责任是指间接导致事故发生，承担事故发生或扩大次要原因的责任者，包括一定责任和连带责任等。

查：对《国家电网有限公司安全事故调查规程》关于事故归类统计标准的学习、掌握、执行情况。

22. 生产安全事故处理"四不放过"的内容是什么？

答：《国家电网有限公司安全事故调查规程》（国家电网安监〔2020〕820号）中规定，生产安全事故处理"四不放过"的内容是：事故原因未查清不放过，责任人员未处理不放过，整改措施未落实不放过，有关人员未受到教育不放过。

查："四不放过"原则的执行情况。

23.《国家电网公司安全工作奖惩规定》对于发生五级事件（人身、电网、设备、信息系统）的处罚是如何规定的？

答：《国家电网公司安全工作奖惩规定》[国网（安监/3）480—2015]中规定，公司所属各级单位发生五级事件（人身、电网、设备、信息系统），按以下规定处罚：

（1）对主要责任者所在单位二级机构负责人给予通报批评。

（2）对主要责任者给予警告至记过处分。

（3）对同等责任者给予通报批评或警告至记过处分。

（4）对次要责任者给予通报批评或警告处分。

（5）对事故责任单位（基层单位）有关领导及上述有关责任人员给予3000～5000元的经济处罚。

查：对《国家电网公司安全工作奖惩规定》处罚规定的学习、掌握、执行情况。

24. 事故调查的责任主体是如何界定的？

答：《电力安全事故应急处置和调查处理条例》（国务院令第599号）中规定，特别重大事故由国务院或者国务院授权的部门组织事故调查组进行调查。重大事故由国务院电力监管机构组织事故调查组进行调查。较大事故、一般事故由事故发生地电力监管机构组织事故调查组进行调查。国务院电力监管机构认为必要的，可以组织事故调查组对较大事故进行调查。未造成供电用户停电的一般事故，事故发生地电力监管机构也可以委托事故发生单位调查处理。

查：事故调查的责任主体是否知晓，事故调查时的责任主体是否符合规定。

25. 事故报告应当包括哪些内容？

答：《电力安全事故应急处置和调查处理条例》（国务院令第 599 号）中规定，事故报告应当包括下列内容：

（1）事故发生的时间、地点（区域）以及事故发生单位。

（2）已知的电力设备、设施损坏情况，停运的发电（供热）机组数量、电网减供负荷或者发电厂减少出力的数值、停电（停热）范围。

（3）事故原因的初步判断。

（4）事故发生后采取的措施、电网运行方式、发电机组运行状况以及事故控制情况。

（5）其他应当报告的情况。

事故报告后出现新情况的，应当及时补报。

查：事故报告制度是否完善，事故报告内容是否准确，事故发生后采取的措施、电网运行方式、发电机组运行状况以及事故控制是否有效，出现新情况是否及时补报。

26. 电力安全事故的定义是什么？

答：《电力安全事故应急处置和调查处理条例》（国务院令第 599 号）中将电力安全事故定义为电力生产或者电网运行过程中发生的影响电力系统安全稳定运行或者影响电力正常供应的事故（包括热电厂发生的影响热力正常供应的事故）。

查：电网安全运行各类预案是否完备，运行人员是否熟练掌握；是否有针对性地开展电网反事故演习，积极有效地控制事故的发生；认真排查事故隐患，对查出的问题是否制定相应的整改措施。

27.《电力安全事故应急处置和调查处理条例》中划分事故等级的依据是什么？

答：《电力安全事故应急处置和调查处理条例》（国务院令第 599 号）中规定，根据电力安全事故影响电力系统安全稳定运行或者影响电力（热力）正常供应的程度，事故分为特别重大事故、重大事故、较大事故和一般事故 4 种。

查：《电力安全事故应急处置和调查处理条例》学习、掌握情况。

28.《电力安全事故应急处置和调查处理条例》中对电力安全事故等级中特别重大事故的划分标准是什么？

答：《电力安全事故应急处置和调查处理条例》（国务院令第 599 号）中规定，发生或达到下列情况之一者定为特别重大事故：

（1）区域性电网减供负荷 30%以上。

（2）电网负荷 20000MW 以上的省、自治区电网，减供负荷 30%以上。

（3）电网负荷 5000MW 以上 20000MW 以下的省、自治区电网，减供负荷 40%以上。

（4）直辖市电网减供负荷 50%以上。

（5）电网负荷 2000MW 以上的省、自治区人民政府所在地城市电网减供负荷 60%以上。

（6）直辖市 60%以上供电用户停电。

（7）电网负荷 2000MW 以上的省、自治区人民政府所在地城市 70%以上供电用户停电。

查：对《电力安全事故应急处置和调查处理条例》关于

电力安全事故等级划分标准的学习、掌握、执行情况。

29.《电力安全事故应急处置和调查处理条例》对电力安全事故等级中重大事故的划分标准是什么？

答：《电力安全事故应急处置和调查处理条例》（国务院令第 599 号）中规定，发生或达到下列情况之一者定为重大事故：

（1）区域性电网减供负荷 10%以上 30%以下。

（2）电网负荷 20000MW 以上的省、自治区电网，减供负荷 13%以上 30%以下。

（3）电网负荷 5000MW 以上 20000MW 以下的省、自治区电网，减供负荷 16%以上 40%以下。

（4）电网负荷 1000MW 以上 5000MW 以下的省、自治区电网，减供负荷 50%以上。

（5）直辖市电网减供负荷 20%以上 50%以下。

（6）省、自治区人民政府所在地城市电网减供负荷 40%以上（电网负荷 2000MW 以上的，减供负荷 40%以上 60%以下）。

（7）电网负荷 600MW 以上的其他设区的市电网减供负荷 60%以上。

（8）直辖市 30%以上 60%以下供电用户停电。

（9）省、自治区人民政府所在地城市 50%以上供电用户停电（电网负荷 2000MW 以上的，50%以上 70%以下）。

（10）电网负荷 600MW 以上的其他设区的市 70%以上供电用户停电。

查：对《电力安全事故应急处置和调查处理条例》关于

电力安全事故等级划分标准的学习、掌握、执行情况。

30.《电力安全事故应急处置和调查处理条例》对电力安全事故等级中较大事故的划分标准是什么？

答：《电力安全事故应急处置和调查处理条例》（国务院令第 599 号）中规定，发生或达到下列情况之一者定为较大事故：

（1）区域性电网减供负荷 7%以上 10%以下。

（2）电网负荷 20000MW 以上的省、自治区电网，减供负荷 10%以上 13%以下。

（3）电网负荷 5000MW 以上 20000MW 以下的省、自治区电网，减供负荷 12%以上 16%以下。

（4）电网负荷 1000MW 以上 5000MW 以下的省、自治区电网，减供负荷 20%以上 50%以下。

（5）电网负荷 1000MW 以下的省、自治区电网，减供负荷 40%以上。

（6）直辖市电网减供负荷 10%以上 20%以下。

（7）省、自治区人民政府所在地城市电网减供负荷 20%以上 40%以下。

（8）其他设区的市电网减供负荷 40%以上（电网负荷 600MW 以上的，减供负荷 40%以上 60%以下）。

（9）电网负荷 150MW 以上的县级市电网减供负荷 60%以上。

（10）直辖市 15%以上 30%以下供电用户停电。

（11）省、自治区人民政府所在地城市 30%以上 50%以下供电用户停电。

（12）其他设区的市 50%以上供电用户停电（电网负荷 600MW 以上的，50%以上 70%以下）。

（13）电网负荷 150MW 以上的县级市 70%以上供电用户停电。

（14）发电厂或者 220kV 以上变电站因安全故障造成全厂（站）对外停电，导致周边电压监视控制点电压低于调控机构规定的电压曲线值 20%并且持续时间 30min 以上，或者导致周边电压监视控制点电压低于调控机构规定的电压曲线值 10%并且持续时间 1h 以上。

（15）发电机组因安全故障停止运行超过行业标准规定的大修时间两周，并导致电网减供负荷。

（16）供热机组装机容量 200MW 以上的热电厂，在当地人民政府规定的采暖期内同时发生 2 台以上供热机组因安全故障停止运行，造成全厂对外停止供热并且持续时间 48h 以上。

查：对《电力安全事故应急处置和调查处理条例》关于电力安全事故等级划分标准的学习、掌握、执行情况。

31.《电力安全事故应急处置和调查处理条例》对电力安全事故等级中一般事故的划分标准是什么？

答：《电力安全事故应急处置和调查处理条例》（国务院令第 599 号）中规定，发生或达到下列情况之一者定为一般事故：

（1）区域性电网减供负荷 4%以上 7%以下。

（2）电网负荷 20000MW 以上的省、自治区电网，减供负荷 5%以上 10%以下。

（3）电网负荷 5000MW 以上 20000MW 以下的省、自治区电网，减供负荷 6%以上 12%以下。

（4）电网负荷 1000MW 以上 5000MW 以下的省、自治区电网，减供负荷 10%以上 20%以下。

（5）电网负荷 1000MW 以下的省、自治区电网，减供负荷 25%以上 40%以下。

（6）直辖市电网减供负荷 5%以上 10%以下。

（7）省、自治区人民政府所在地城市电网减供负荷 10%以上 20%以下。

（8）其他设区的市电网减供负荷 20%以上 40%以下。

（9）县级市减供负荷 40%以上（电网负荷 150MW 以上的，减供负荷 40%以上 60%以下）。

（10）直辖市 10%以上 15%以下供电用户停电。

（11）省、自治区人民政府所在地城市 15%以上 30%以下供电用户停电。

（12）其他设区的市 30%以上 50%以下供电用户停电。

（13）县级市 50%以上供电用户停电（电网负荷 150MW 以上的，50%以上 70%以下）。

（14）发电厂或者 220kV 以上变电站因安全故障造成全厂（站）对外停电，导致周边电压监视控制点电压低于调控机构规定的电压曲线值 5%以上 10%以下并且持续时间 2h 以上。

（15）发电机组因安全故障停止运行超过行业标准规定的小修时间两周，并导致电网减供负荷。

（16）供热机组装机容量 200MW 以上的热电厂，在当地人民政府规定的采暖期内同时发生 2 台以上供热机组因安

全故障停止运行，造成全厂对外停止供热并且持续时间 24h
以上。

查：对《电力安全事故应急处置和调查处理条例》关于
电力安全事故等级划分标准的学习、掌握、执行情况。

**32.《国家电网公司安全隐患排查治理管理办法》中安全
隐患的定义是什么？**

答：《国家电网公司安全隐患排查治理管理办法》[国网
（安监/3）481—2014]中规定，安全隐患是指安全风险程度
较高，可能导致事故发生的作业场所、设备设施、电网运行
的不安全状态、人的不安全行为和安全管理方面的缺失。

查：安全隐患的定义是否清楚，安全隐患是否排查到位，
是否受控、在控。

**33.《国家电网公司安全隐患排查治理管理办法》中安全
隐患的分类及各自的定义是什么？**

答：《国家电网公司安全隐患排查治理管理办法》[国网
（安监/3）481—2014]中将安全隐患分为Ⅰ级重大事故隐患、
Ⅱ级重大事故隐患、一般事故隐患和安全事件隐患四个等
级。

Ⅰ级重大事故隐患是指可能造成以下后果的安全隐患：

（1）1～2 级人身、电网或设备事件。

（2）水电站大坝溃决事件。

（3）特大交通事故，特大或重大火灾事故。

（4）重大以上环境污染事件。

Ⅱ级重大事故隐患是指可能造成以下后果或安全管理

存在以下情况的安全隐患：

（1）3～4 级人身或电网事件。

（2）3 级设备事件，或 4 级设备事件中造成 100 万元以上直接经济损失的设备事件，或造成水电站大坝漫坝、结构物或边坡垮塌、泄洪设施或挡水结构不能正常运行的事件。

（3）5 级信息系统事件。

（4）重大交通事故，较大或一般火灾事故。

（5）较大或一般等级环境污染事件。

（6）重大飞行事故。

（7）安全管理隐患：安全监督管理机构未成立，安全责任制未建立，安全管理制度、应急预案严重缺失，安全培训不到位，发电机组（风电场）并网安全性评价未定期开展，水电站大坝未开展安全注册和定期检查等。

一般事故隐患是指可能造成以下后果的安全隐患：

（1）5～8 级人身事件。

（2）其他 4 级设备事件，5～7 级电网或设备事件。

（3）6～7 级信息系统事件。

（4）一般交通事故，火灾（7 级事件）。

（5）一般飞行事故。

（6）其他对社会造成影响事故的隐患。

安全事件隐患是指可能造成以下后果的安全隐患：

（1）8 级电网或设备事件。

（2）8 级信息系统事件。

（3）轻微交通事故，火警（8 级事件）。

（4）通用航空事故征候，航空器地面事故征候。

查：安全隐患的分类及定义是否清楚，分类是否准确，制定的整改措施和时效是否到位、是否与其类别对应。

34. 什么是电网运行安全隐患预警通告机制？

答：《国家电网公司安全隐患排查治理管理办法》[国网（安监/3）481—2014]中规定，因计划检修、临时检修和特殊方式等使电网运行方式变化而引起的电网运行隐患风险，由相应调度部门发布预警通告，相关部门制定应急预案。电网运行方式变化构成重大事故隐患，电网调度部门应将有关情况通告同级安全监察部门和相关部门。

查：电网风险预警通知单的规范性，制定的控制措施的针对性和预控措施的落实情况。

35. 安全隐患排查治理的工作流程是什么？

答：《国家电网公司安全隐患排查治理管理办法》[国网（安监/3）481—2014]中规定，隐患排查治理应纳入日常工作中，按照"排查（发现）—评估报告—治理（控制）—验收销号"的流程形成闭环管理。

查：有关人员是否了解隐患排查治理工作流程，隐患排查治理工作流程执行情况和完成情况。

36. 保证安全的组织措施有哪些？

答：Q/GDW 1799.1—2013《电力安全工作规程变电部分》中规定，在电气设备上工作，保证安全的组织措施有：

（1）现场勘察制度。

（2）工作票制度。

（3）工作许可制度。

（4）工作监护制度。

（5）工作间断、转移和终结制度。

查：保证安全的组织措施是否清楚，工作现场执行是否规范。

37. 调控机构在岗生产人员现场培训的要求是什么？

答：《国家电网有限公司调控机构安全工作规定》中规定，调控机构应加强在岗生产人员现场培训，熟悉现场设备及工作流程，调控运行、设备监控管理专业至少每年开展 2 次、其他专业至少每年开展 1 次。

查：在岗生产人员现场培训记录是否符合要求。

38. 调控机构季度安全分析会的要求是什么？

答：《国家电网有限公司调控机构安全工作规定》中规定，调控机构应定期召开季度安全分析会，会议由调控机构安全生产第一责任人主持，相关专业人员参加，会后应下发会议纪要。会议主要内容应至少包括：

（1）组织学习有关安全生产的文件。

（2）通报季度电网运行情况。

（3）各专业根据电力电量平衡、电网运行方式变更、季节变化、水情变化、火电储煤变化、水电及新能源运行情况、网络安全情况、通信系统运行情况、技术支持系统运行情况等，综合分析安全生产趋势和可能存在的风险。

（4）根据安全生产趋势，针对电网运行存在的问题，研究应对事故的预防对策和措施。

（5）总结事故教训，布置下季度安全生产重点工作。

查：季度安全分析会会议记录内容是否符合要求。

39. 地县级备调管理中预案编制的要求是什么？

答：《国家电网公司地县级备用调度运行管理工作规定》[国网（调/4）341—2014] 中规定，地县级备调管理中预案编制的要求有：

（1）主调应针对可能发生的突发事件及危险源制定备调启用专项应急预案，预案应包括组织体系、人员配置、工作程序及后勤保障等内容。

（2）备调应针对可能发生的突发事件及危险源至少制定以下预案（方案）：

1）备调场所突发事件应急预案。

2）备调技术支持系统故障处置方案。

3）备调通信系统故障处置方案。

查：备调管理中预案编制的完整性和正确性。

40.《中华人民共和国安全生产法》的适用范围是什么？

答：《中华人民共和国安全生产法》（2021 年修订版）中规定，在中华人民共和国领域内从事生产经营活动的单位（以下统称生产经营单位）的安全生产及其监督管理，适用本法；有关法律、行政法规对消防安全和道路交通安全、铁路交通安全、水上交通安全、民用航空安全以及核与辐射安全、特种设备安全另有规定的，适用其规定。

查：对《中华人民共和国安全生产法》（2021 年修订版）的学习、掌握情况。

41.《中华人民共和国安全生产法》中关于安全生产的方针是什么？

答：《中华人民共和国安全生产法》（2021年修订版）规定，安全生产工作坚持中国共产党的领导，安全生产工作应当以人为本，坚持人民至上、生命至上，把保护人民生命安全摆在首位，树牢安全发展理念，坚持安全第一、预防为主、综合治理的方针，从源头上防范化解重大安全风险。安全生产工作实行管行业必须管安全、管业务必须管安全、管生产经营必须管安全，强化和落实生产经营单位主体责任与政府监管责任，建立生产经营单位负责、职工参与、政府监管、行业自律和社会监督的机制。

查：对《中华人民共和国安全生产法》（2021年修订版）的学习情况，主体责任和监督责任的落实情况。

42. 电网调度管理的原则是什么？

答：《中华人民共和国电力法》（2015年修订版）中规定，电网运行实行统一调度、分级管理。任何单位和个人不得非法干预电网调度。

查：对《中华人民共和国电力法》的学习、掌握情况。

43. 电网大面积停电预警分为几级？

答：《国家电网公司调控系统预防和处置大面积停电事件应急工作规定》[国网（调/4）344—2018]中规定，公司电网大面积停电预警分为一级、二级、三级和四级，依次用红色、橙色、黄色和蓝色表示；将电网大面积停电事件分为特别重大、重大、较大、一般四级。

查：对《国家电网公司调控系统预防和处置大面积停电事件应急工作规定》的学习、掌握情况。

44. 各级调控中心现场处置方案至少包括哪些方案？

答：《国家电网有限公司调控机构安全工作规定》中规定，各级调控中心应按照"实际、实用、实效"的原则，建立完善调控机构应急预案体系，主要包括：调控机构应对大面积停电事件处置方案、调控场所应急处置方案、重要厂站全停应急处置方案、黑启动方案、孤网运行应急处置方案、通信系统突发事件应急处置方案、电煤预警应急处置方案、调度自动化系统故障应急处置方案、备调应急启用方案、电力监控系统网络安全事件应急处置方案、传染性公共卫生事件应急处置方案等。

查：调控中心现场处置方案是否齐全，内容是否滚动更新。

45. 调控机构哪些应急预案应实行报备和协调？

答：《国家电网有限公司调控机构安全工作规定》中规定，调控机构以下应急预案应实行报备和协调制度：

（1）涉及下级或多个调控机构的，由上级调控机构组织共同研究和统一协调应急过程中的处置方案，明确上下级调控机构协调配合要求。

（2）下级调控机构应将需要上级调控机构支持和配合的调度应急预案，及时报送上级调控机构，由上级调控机构组织共同研究和协调。下级调控机构、并网电厂应定期将预案上报有关调控机构备案。

（3）对于可能出现孤立小电网的，应根据地区电网特点与关联程度，组织相关调控机构及发电企业进行预案协调。

查：应急预案报备和协调情况。

46. 地县级备调工作模式有哪几种？

答：《国家电网公司地县级备用调度运行管理工作规定》[国网（调/4）341—2014]中规定，地县级备调工作模式分为正常工作模式和应急工作模式两种。

正常工作模式是指主调和备调正常履行各自的调控职能，主调掌握电网调控指挥权，备调值班设施正常运行，备调通信自动化等技术支持系统处于实时运行状态，为主调提供数据容灾备份。

应急工作模式是指因突发事件，主调无法正常履行调控职能，按照备调启用条件、程序和指令，主调人员在备调行使电网调控指挥权。

查：正常工作模式时备调值班设施和技术支持系统运行状态。

47. 应急情况下地县级调控指挥权转移的条件是什么？

答：《国家电网公司地县级备用调度运行管理工作规定》[国网（调/4）341—2014]中规定，应急情况下调控指挥权转移的条件为：

（1）备调各项功能运转正常，处于对主调的热备用状态。

（2）主调因以下风险因素可能导致无法正常履行调控职能：

1）可能引发主调失效的事故灾难。主要包括电力调度大楼工程质量安全事故；对电力调度大楼造成重大影响和损失的火灾、爆炸等技术事故；供水、供电、供油、供气、通信网络等城市市政事故；核辐射事故、危险化学品事故、重大环境污染等。

2）可能引发主调失效的自然灾害。主要包括水灾，台风、冰雹、大雾等气象灾害，火山、地震灾害，山体崩塌、滑坡、泥石流、地面塌陷等地质灾害，风暴潮、海啸等海洋灾害，森林火灾和重大生物灾害等。

3）可能造成主调人员健康严重损害的公共卫生事件。主要包括重大传染病疫情、群体性不明原因疾病、重大食物和职业中毒等。

4）可能引发主调失效的社会安全事件。主要包括涉及电网企业的重大刑事案件、恐怖袭击事件以及规模较大的群体性事件等。

5）其他可能引发主调失效的电网突发事件。主要包括调度技术支持系统主要功能失效、电源系统中断、电力通信大面积中断、信息安全遭受威胁等。

6）其他可能导致主调失效的情况。

查：主调、备调切换演练开展情况。

48. 地县级备调场所的管理要求是什么？

答：《国家电网公司地县级备用调度运行管理工作规定》[国网（调/4）341—2014]中规定，地县级备调场所的管理要求有：

（1）备调所在单位负责备调场所的日常管理。备调场所应具备良好的安全保障,能确保备调场所安全;具备人员 24h 值班所必需的日常需要（包括用餐、饮水、休息以及必需的保洁工作）。

（2）备调值班场所席位设置应满足应急工作模式下各专业人员工作要求，备调调度室内至少设置专用备调席位 2 席。

（3）备调场所应纳入所在单位生产场所安防体系，实行 24h 保卫值班。非备调运行、维护、管理和保卫人员不得进入备调场所和备调席位工作。

（4）备调场所的消防工作应纳入所在单位消防工作统一管理和维护。

查：备调场所日常管理工作是否符合要求。

49. 电网故障处置联合演练应遵循的原则是什么？

答：《国家电网公司调度系统电网故障处置联合演练工作规定》[国网（调/4）330—2014]中规定，电网故障处置联合演练应遵循下列原则：

（1）联合演练一般由参加演练的最高一级调控机构组织，下级调控机构配合上级完成演练；各级调控机构负责其直接调管范围内的演练。

（2）联合演练宜采用调度培训仿真系统（dispatcher training system，DTS）。演练期间，应确保模拟演练系统与实际运行系统有效隔离，实际演练系统与其他无关演练的实际运行系统有效隔离。

（3）演练期间参演调控机构如出现意外或特殊情况，可汇报导演后退出演练；负责演练组织的调控机构演练期间如出现意外或特殊情况，可中止演练，并通知各参演单位。

查：联合演练开展情况。

50. 哪些特殊运行方式需制订故障处置预案？

答：《国家电网公司调度系统故障处置预案管理规定》
[国网（调/4）329—2014]中规定，以下特殊运行方式需制
定故障处置预案：

针对重大检修、基建或技改停电计划导致的电网运行薄
弱环节，及新设备启动调试过程中的过渡运行方式，设置预
想故障，编制相应预案。

查：故障处置预案编制情况，是否有针对性。

51. 联合预案编制流程是什么？

答：《国家电网公司调度系统故障处置预案管理规定》
[国网（调/4）329—2014]中规定，联合预案编制流程
如下：

（1）预案涉及的最高一级调控机构调控运行专业启动
流程，并编制联合预案大纲。

（2）预案涉及的所有调控机构调控行专业编制本级
调度预案初稿，其他各专业配合并与相关专业、相关部门
沟通。

（3）预案涉及的最高一级调控机构调控运行专业收集
整理并编制联合预案初稿，发送本机构相关专业及相关部
门、其他调控机构调控运行专业、相关单位征求意见，并最
终形成修改稿。

（4）预案修改稿需经相关单位及部门确认。

（5）预案涉及的最高一级调控机构分管领导审核批准预案正式稿，发送至相关单位及厂站。

查：联合预案编制流程是否符合要求。

52. 建立应急预案体系的要求是什么？

答：《国家电网公司应急预案管理办法》[国网（安监/3）484—2018]中规定，公司各级单位应按照"横向到边、纵向到底、上下对应、内外衔接"的要求建立应急预案体系。

查：对《国家电网公司应急预案管理办法》中关于应急预案体系要求的学习、掌握、执行情况。

53.《国家电网公司调控系统应对传染病引起的突发重大公共卫生事件应急管理规定》中规定各响应级别启动条件是什么？

答：《国家电网公司调控系统应对传染病引起的突发重大公共卫生事件应急管理规定》（调技〔2020〕44号）中规定响应级别启动条件如下：

满足以下条件之一须启动战时响应：

（1）所在地发生特别重大突发卫生事件；

（2）所在地被政府机构认定为高风险地区；

（3）所属公司（部门）发布一级预警。

满足以下条件之一须启动紧急响应：

（1）所在地发生重大突发卫生事件；

（2）所在地被政府机构认定为中风险地区；

（3）所属公司（部门）发布二级预警。

满足以下条件之一须启动常态响应：

（1）所在地发生较大/一般突发卫生事件；

（2）所在地被政府机构认定为低风险地区；

（3）所属公司（部门）发布三、四级预警；

（4）调控机构认定应启动常态响应的事件。

查：调控机构对于《国家电网公司调控系统应对传染病引起的突发重大公共卫生事件应急管理规定》（调技〔2020〕44号）的贯彻和执行情况，调控工作人员是否熟悉针对突发疫情的应急响应分类、启动条件和措施，以及在已发生的疫情应对过程中相关要求的落实情况。

54. 战时响应应急措施较常态和紧急响应有何区别？

答：《国家电网公司调控系统应对传染病引起的突发重大公共卫生事件应急管理规定》（调技〔2020〕44号）中规定，战时响应在采取常态和紧急响应措施的基础上增加以下内容：

（1）除事故抢修和危急缺陷处理外停止一切检修；

（2）分管调控专业的领导及调控专业负责人纳入封闭管理；

（3）自动化、通信值班人员进行封闭管理；

（4）实行满足基本业务需求的最小化到岗工作模式，其余员工一律在家远程办公。

查：调控工作人员是否熟悉《国家电网公司调控系统应对传染病引起的突发重大公共卫生事件应急管理规定》（调技〔2020〕44号）的各项要求，了解不同类别突发疫情响应的应对措施和要点，以及在已发生的疫情应对过程中相关措施的贯彻执行情况。

调度控制专业

55.《电网调度管理条例》对调度系统中各单位之间的关系是怎样规定的？

答：《电网调度管理条例》（2011 年修订版）中规定：调度系统包括各级调度机构和电网内的发电厂、变电站的运行值班单位。下级调度机构必须服从上级调度机构的调度。调度机构调度管辖范围内的发电厂、变电站的运行值班单位，必须服从该级调度机构的调度。

查：调度运行人员调度纪律执行情况。参考上级调度机构意见，检查调度运行人员是否严格执行调度纪律，并检查调度运行人员对下级调度机构及直调厂站的调度命令执行及事件汇报规定等情况是否有统计和考核。

56.《电网调度管理条例》对电网限电序位表的编制、审批流程是怎样规定的？

答：《电网调度管理条例》（2011 年修订版）中规定：省级电网管理部门、省辖市级电网管理部门、县级电网管理部门应当根据本级人民政府的生产调度部门的要求、用户的特点和电网安全运行的需要，提出事故及超计划用电的限电序位表，经本级人民政府的生产调度部门审核，报本级人民政府批准后，由调度机构执行。限电及整个电网调度工作应当逐步实现自动化管理。

查：调度机构事故拉闸序位表及超计划限电序位表的管理情况。查阅调度机构最新的事故拉闸序位表、超计划限电序位表，重点检查调度机构是否按规定每年编制所辖电网的紧急事故拉闸序位表及超计划限电序位表，并报政府有关部门批准；正在执行的事故拉闸序位表及超计划限电序位表是否齐全，并由专人负责整理备案。

57. 在电网发生大面积停电事件后的响应措施环节,《国家大面积停电事件应急预案》对电力调度机构有哪些规定？

答：依据《国家大面积停电事件应急预案》（国办函〔2015〕134 号）规定：发生大面积停电事件后，相关电力企业和重要电力用户应立即实施先期处置，全力控制事件发展态势，减少损失。电力调度机构合理安排运行方式，控制停电范围；尽快恢复重要输变电设备、电力主干网架运行；在条件具备时，优先恢复重要电力用户、重要城市和重点地区的电力供应。

查：调度运行人员对应急预案和典型事故处理预案的掌握情况。检查调度运行人员是否熟悉电网大面积停电、通信中断、自动化全停、调度场所失火等严重事件的调度处理预案及电网典型事故处理预案，是否掌握调度联系单位电网应急处理联系人员名单和联系方式，调度机构是否组织各级调度预案的学习、交流、演练。

58.《国家电网公司调控系统预防和处置大面积停电事件应急工作规定》对电网调度机构在应急预防和处置中的职责是怎样规定的？

答：《国家电网公司调控系统预防和处置大面积停电事件应急工作规定》［国网（调/4）344—2018］规定的调控机构故障处置小组的主要职责是：

（1）协助应急指挥工作组开展事态研判，提出相关决策建议。

（2）具体指挥所辖电网大面积停电事件应急处置及恢复工作。

（3）负责收集电网运行重大事件的信息，及时向调控应急指挥组汇报。

（4）指导下级调控机构开展电网故障处置工作，组织发生事故电网进行事故支援。

（5）收集二次设备动作情况及相关信息资料，进行分析和判断，为电网事故处理提供依据。

（6）负责与相关部门沟通联系，及时获取气象、水利、地震、地质、交通运输等最新信息。

查：调度运行人员对《国家电网公司调控系统预防和处置大面积停电事件应急工作规定》的贯彻和执行情况。检查调度运行人员是否熟悉《国家电网公司处置电网大面积停电事件应急预案》和《国家电网公司调控系统预防和处置大面积停电事件应急工作规定》的具体内容和要求，以及在已发生的电力生产突发性事件的应急处理中对相关规定的实际执行情况。

59. Q/GDW 251—2009《特殊时期保证电网安全运行工作标准》中规定的保电方案包括哪些主要内容？

答：Q/GDW 251—2009《特殊时期保证电网安全运行工作标准》，保电方案应包括以下主要内容：

（1）保电目标、范围及时间。

（2）组织措施。

（3）技术措施。

（4）必要的应急机制。

（5）其他生产保障措施。

查：调度机构特殊时期保电方案制定情况。查阅调度机构编制的特殊时期保电方案；重点检查保电方案是否及时编制，方案内容是否全面，保电措施是否合理、完善。

60. Q/GDW 251—2009《特殊时期保证电网安全运行工作标准》将保电特殊时期分为几级？

答：Q/GDW 251—2009《特殊时期保证电网安全运行工作标准》中规定，保电特殊时期分为以下三级：

一级：在公司营业区内召开的具有重大影响的国际性会议、活动和国家级重要政治、经济、文化活动时期等。会议、活动所在地区域电网（省级电力）公司为一级保电。

二级：在公司营业区内的重要政治、经济、文化活动时期，全国性主要节假日、少数民族区域主要节假日等。

三级：其他重要时期。三级保电主要为局部地区或场所保电。

查：调度机构特殊时期保电工作的实际执行情况。检查调度机构在特殊时期保电工作中是否严格执行《特殊时期保证电网安全运行工作标准》的各项要求，重点检查一级保电期间主网封网管理措施是否严格、到位。

61.《国家电网调度系统重大事件汇报规定》将汇报事件分为几类？

答：《国家电网调度系统重大事件汇报规定》[国网（调/4）328—2019] 中规定，汇报事件分为特急报告类事件、紧急报告类事件和一般报告类事件三类。

查：调度值班人员对汇报制度的掌握情况。检查调度值班人员是否熟悉正在执行的汇报制度的具体内容和要求，各类汇报制度是否认真归档并由专人负责整理。

62.《国家电网调度系统重大事件汇报规定》对汇报内容有什么要求？

答：《国家电网调度系统重大事件汇报规定》[国网（调/4）328—2019]对调度系统重大事件汇报的内容要求如下：

（1）发生重大事件后，相应调控机构的汇报内容主要包括事件发生时间、概况、造成的影响等情况。

（2）在事件处置暂告一段落后，相应调控机构应将详细情况汇报上级调控机构，内容主要包括：事件发生的时间、地点、运行方式、保护及安全自动装置动作、影响负荷情况；调度系统应对措施、系统恢复情况；掌握的重要设备损坏情况，对社会及重要用户影响情况等。

（3）当事件后续情况更新时，如已查明故障原因或巡线结果等，相应调控机构应及时向上级调控机构汇报。

查：调度值班人员重大事件汇报内容是否详实、准确。检查调度值班人员重大事件汇报记录，重点检查调度值班人员重大事件汇报的主要内容是否全面、清楚，是否存在漏报、误报的情况。

63.《国家电网调度系统重大事件汇报规定》对汇报时间有什么要求？

答：《国家电网调度系统重大事件汇报规定》[国网（调/4）328—2019]对重大事件汇报有如下时间要求：

（1）在直调范围内发生特急报告类事件的调控机构调度员，须在 15min 内向上一级调控机构调度员进行特急报告，省调调度员须在 15min 内向国调调度员进行特急报告。

（2）在直调范围内发生紧急报告类事件的调控机构调度员，须在 30min 内向上一级调控机构调度员进行紧急报告，省调调度员须在 30min 内向国调调度员进行紧急报告。

（3）在直调范围内发生一般报告类事件的调控机构调度员，须在 2h 内向上一级调控机构调度员进行一般报告，省调调度员须在 2h 内向国调调度员进行一般报告。

（4）在直调范围内发生造成较大社会影响事件的调控机构调度员须在获知相应社会影响后第一时间向上一级调控机构调度员进行报告，省调调度员须在获知相应社会影响后第一时间向国调调度员进行报告。

（5）特急报告类、紧急报告类、一般报告类事件应按调管范围由发生重大事件的调控机构尽快将详细情况以书面形式报送至上一级调控机构，省调应同时抄报国调。

（6）分中心或省调发生电力调度通信全部中断事件应立即报告国调调度员；地县调发生电力调度通信全部中断事件应立即逐级报告省调调度员。

（7）分中心或省调发生与所有直调厂站调度电话业务全部中断、调度数据网业务全部中断或调度控制系统 SCADA 功能全部丧失事件，应立即报告国调调度员；地县调发生与直调厂站调度电话业务全部中断、调度数据网业务全部中断或调度控制系统 SCADA 功能全部丧失事件，应立即逐级报告省调调度员。

（8）各级调控机构调度控制系统应具有大面积停电分

级告警和告警信息逐级自动推送功能。

查：调度值班人员对重大事件汇报是否及时。检查上级调度提供的重大事件汇报记录，重点检查调度值班人员对重大事件汇报是否及时、是否存在迟报漏报的情况。

64.《国家电网公司省级以上调控机构安全生产保障能力评估办法》对操作票智能化有什么要求？

答：《国家电网公司省级以上调控机构安全生产保障能力评估办法》（调技〔2019〕103 号）要求，操作票系统应具有纠错、防误功能，具备操作前后潮流校核、拓扑比对功能，对操作票的执行过程和统计分析进行计算机管理；操作票具备在调控机构和厂站之间电子化下发、接收功能；对于使用网络化下令的单位，还需要具备人员身份信息验证等功能。

查：使用计算机生成的操作票是否正确、是否符合要求，检查操作票计算机管理系统的功能。

65.《国家电网公司省级以上调控机构安全生产保障能力评估办法》对反事故演习有什么要求？

答：《国家电网公司省级以上调控机构安全生产保障能力评估办法》（调技〔2019〕103 号）要求，每月至少进行 1 次调控联合反事故演习，每年至少进行 1 次两级以上调度机构参加的系统联合反事故演习；反事故演习应使用调控联合仿真培训系统；调控联合仿真培训系统应具备变电站仿真、省地联合演习功能。

查：反事故演习相关资料以及反事故演习仿真培训系统。

66.《国家电网公司省级以上调控机构安全生产保障能力评估办法》对调度安全日活动有什么要求？

答：《国家电网公司省级以上调控机构安全生产保障能力评估办法》（调技〔2019〕103号）要求，调度运行人员每月开展安全日活动，学习安全文件，开展事故分析，通报电网运行注意事项，进行安全培训等。

查：调度运行人员安全日活动情况。检查调度运行人员安全日活动记录，重点检查安全日活动是否按时进行，安全日活动内容是否全面、丰富，是否紧密结合电网实际运行情况并做到有针对性，安全日活动记录是否规范、细致、完整。

67.《国家电网公司省级以上调控机构安全生产保障能力评估办法》要求调控运行值班室必须具备哪些资料？

答：《国家电网公司省级以上调控机构安全生产保障能力评估办法》（调技〔2019〕103号）要求，调控运行值班室应至少具备以下资料：

（1）调度、监控管理规程和继电保护及安全自动装置调度运行规定。

（2）电网一次系统图和厂站接线图。

（3）直调设备台账。

（4）月计划、日计划表单。

（5）调度日方式安全措施。

（6）日前及日内交易申报及执行情况表单。

（7）继电保护定值单。

（8）年度电网运行方式。

（9）年度电网稳定规定。

（10）稳定装置资料。

（11）低频低压减载方案。

（12）典型事故处理预案。

（13）电网大面积停电应急处理预案。

（14）电网黑启动方案。

（15）EMS 及各类高级应用软件使用说明。

（16）调控运行和变电运维联系人员名单。

（17）厂站现场运行规程。

（18）厂站的保厂站用电措施。

（19）受控站一次系统接线图。

（20）受控站监控信息表。

（21）监视电流表。

（22）监控应急处理预案。

查：调控运行值班室资料是否齐备。检查调控运行值班室资料是否完整，是否及时进行更新使之符合电网实际情况，满足值班需要。涉密资料管理符合有关规定。检查调度日常资料管理制度是否健全，资料管理工作是否做到专人负责、分工明确。

68. 调控机构进行调控业务联系有哪些规定？

答：《国家电网调度控制管理规程》（国家电网调〔2014〕1405 号）规定：进行调度业务联系时，必须使用普通话及调度术语，互报单位、姓名。严格执行下令、复诵、录音、记录和汇报制度，受令人在接受调度指令时，应主动复诵调度指令并与发令人核对无误，待下达下令时间后才能执行；指令执行完毕后应立即向发令人汇报执行情况，并以汇报完成时间确认指令已执行完毕。

查：调控业务联系是否标准、规范。抽查调控业务联系的录音及联络记录，重点检查下令及回令的调度术语使用是否规范，是否严格执行复诵和记录制度，是否对设备状态进行核对，联络记录中联系人的单位和姓名、下令和回令时间以及调度业务联系内容等是否完整、准确。

69.《国家电网调度控制管理规程》规定值班调度员有权批准哪些临时检修项目？

答：《国家电网调度控制管理规程》（国家电网调〔2014〕1405号）规定：设备异常需紧急处理或设备故障停运后需紧急抢修时，值班调度员可安排相应设备停电，运维单位应补交检修申请。

查：调度批准的临时检修项目是否符合要求。抽查调度批准的临时检修联系记录及临时检修票，检查临时检修项目是否符合规定，是否对电网造成不良影响。

70.《国家电网调度控制管理规程》对操作指令票的流程环节有何规定？

答：《国家电网调度控制管理规程》（国家电网调〔2014〕1405号）规定：操作指令票分为计划操作指令票和临时操作指令票。计划操作指令票应依据停电工作票拟写，必须经过拟票、审票、下达预令、执行、归档五个环节，其中拟票、审票不能由同一人完成。临时操作指令票应依据临时工作申请和电网故障处置需要拟写，可不下达预令。

查：操作票管理制度是否健全。查调度机构是否制定操作票管理制度，是否按操作票管理规定对操作票的拟票、审票、下票、操作和监护各环节进行严格管理，每月是否对操作票进行统计、分析、考评。

71.《国家电网调度控制管理规程》对操作指令票的拟写有什么要求？

答：《国家电网调度控制管理规程》（国家电网调〔2014〕1405 号）规定：拟写操作指令票应做到任务明确、票面清晰，正确使用设备双重命名和调度术语；拟票人、审核人、预令通知人、下令人、监护人必须签字。

查：操作指令票的拟写情况。随机抽查已执行的操作指令票，重点检查操作指令票的拟写是否符合要求，设备双重命名和调度术语的使用是否规范，拟票人、审核人、预令通知人、下令人、监护人签字是否完备，是否正确填写操作项执行时间，是否存在跳项操作。

72. 调度值班人员进行故障处置的原则是什么？

答：《国家电网调度控制管理规程》（国家电网调〔2014〕1405 号）规定，调度值班人员进行故障处置的原则如下：

（1）迅速限制故障发展，消除故障根源，解除对人身、电网和设备安全的威胁。

（2）调整并恢复正常电网运行方式，电网解列后要尽快恢复并列运行。

（3）尽可能保持正常设备的运行和对重要用户及厂用电、站用电的正常供电。

（4）尽快恢复对已停电的用户和设备供电。

查：电网事故处理分析和总结。检查电网事故处理总结资料，重点检查调度值班人员事故处理是否迅速、正确，发生事故后调度机构是否及时进行分析评估，并提出改进措施，是否进行事故分析报告的汇编等。

73. 值班监控员处理事故时应向调度汇报哪些信息？

答：《国家电网调度控制管理规程》（国家电网调〔2014〕1405 号）规定：电网发生故障时，值班监控员、厂站运行值班人员及输变电设备运维人员应立即将故障发生的时间、设备名称及其状态等概况向相应调控机构值班调度员汇报，经检查后再详细汇报相关内容。

查：监控员的事故汇报是否符合要求。抽查监控员的事故汇报录音和记录，查看是否因漏报、误报信息而导致调度员误判或延迟判断。

74. 制定《国家电网公司调控运行信息统计分析管理办法》的目的是什么？

答：《国家电网公司调控运行信息统计分析管理办法》〔国网（调/4）525—2014〕中规定，制定该办法的目的是：加强国家电网调度系统调度运行信息统计分析管理，科学高效地组织开展调度运行信息统计分析工作，提高调度运行信息统计分析业务一体化水平，保证统计资料的真实性、准确性、及时性，充分发挥统计分析工作在公司电网运行活动中的重要作用。

查：调度运行信息、资料的报送情况。查阅上级调度机构记录及意见，重点检查调度运行信息、资料报送是否及时、准确。

75. 调控运行值班人员的交接班应包含哪些内容？

答：《国家电网公司调控机构调控运行交接班管理规定》[国网（调/4）327—2014] 中规定，调控运行值班人员的交接班包括调控业务总体交接、调度业务交接以及监控业务交接。

调控业务总体交接内容应包括：

（1）调管范围内发、受、用电平衡情况。

（2）调管范围内一、二次设备运行方式及变更情况。

（3）调管范围内电网故障、设备异常及缺陷情况。

（4）调管范围内检修、操作、调试及事故处理工作进展情况。

（5）值班场所通信、自动化设备及办公设备异常和缺陷情况。

（6）台账、资料收存保管情况。

（7）上级指示和要求、电网预警信息、文件接收和重要保电任务等情况。

（8）需接班值或其他值办理的事项。

调度业务交接内容应包括：

（1）电网频率、电压、联络线潮流运行情况。

（2）调管电厂出力计划及联络线计划调整情况。

（3）调管电厂的机、炉等设备运行情况。

（4）当值适用的启动调试方案、设备检修单、运行方式通知单，电网设备异动情况，操作票执行情况。

（5）当值适用的稳定措施通知单及重要潮流断面控制

要求、稳定措施投退情况。

（6）当值适用的继电保护通知单、继电保护及安全自动装置的变更情况。

（7）调管范围内线路带电作业情况。

（8）通信、自动化系统运行情况，调度技术支持系统异常和缺陷情况。

（9）其他重要事项。

查：调控运行值班人员交接班质量。检查调度机构的交接班管理制度是否健全，以及交接班管理制度的实际执行情况。抽查值班日志及交接班过程，重点检查交接班时应交待的内容是否完整、清楚，能否突出重点，交接班流程是否系统、规范。

76. 调度运行人员进行的反事故演习通常包括哪些环节？

答：《国家电网公司调度系统电网故障处置联合演练工作规定》[国网（调/4）330—2014]规定，典型的调度系统反事故演习通常包括以下环节：

（1）启动联合演练。

（2）制定演练方案。

（3）搭建演练平台。

（4）预演练。

（5）实施联合演练。

（6）评价及总结。

（7）宣传。

查：调度运行人员反事故演习情况。检查调度运行人员反事故演习记录（包括反事故演习方案及反事故演习报告），重点检查调度运行人员每月进行反事故演习的次数、每年进行两级以上调度机构参加的联合反事故演习的次数，反事故演习题目是否切实反映系统薄弱环节并做到严格保密，演习过程是否系统、规范，是否及时总结整理反事故演习评估报告并提出整改措施，是否使用调度员仿真培训系统（DTS）。

77. 调控运行人员取得上岗资格的条件是什么？

答：《国家电网公司调控机构安全工作规定》[国网（调/4）338—2018]规定：调控机构新上岗调控运行值班人员必须经专业培训并经考试合格后方可正式上岗，专业培训的主要形式包括发电厂和变电站现场实习、跟班实习、各专业轮岗学习、专业技术培训等。

查：调控运行人员持证上岗制度执行情况。

78. 智能变电站可能导致继电保护装置闭锁和不正确动作的告警信息包括哪些？

答：《国调中心关于加强智能变电站继电保护告警信息监视处置的通知》（调继〔2014〕141号）中规定，智能变电站可能导致继电保护装置闭锁和不正确动作的告警信息包括但不限于：

（1）合并单元重要告警信息：装置故障、装置异常、对时异常、检修状态投入、SV 总告警、SV 采样链路中断、SV 采样数据异常、GOOSE 总告警、GOOSE 链路中断等。

（2）智能终端重要告警信息：装置故障、装置异常、对时异常、检修状态投入、就地控制、GOOSE 总告警、GOOSE 链路中断等。

（3）保护装置重要告警信息：SV 总告警、GOOSE 总告警、SV 采样链路中断、SV 采样数据异常、GOOSE 链路中断、GOOSE 数据异常等。

（4）继电保护用交换机重要告警信息：装置故障等。

查：智能变电站告警信息接入情况。检查智能变电站告警信息接入情况，重点检查监控员对上述告警信息处置情况，是否熟知智能变电站继电保护设备的告警信息含义、影响范围和处置原则。

三

调度计划专业

79. 检修计划的制定应遵循什么原则?

答：依据《电网运行准则》(GB/T 31464—2015)，检修计划的制定应遵循以下原则：

(1) 设备检修的工期与间隔应符合有关检修规程的规定。

(2) 按有关规程要求，留有足够的备用容量。

(3) 发、输变电设备的检修应根据电网运行情况进行安排，尽可能减少对电网运行的不利影响。

(4) 设备检修应做到相互配合，如发电和输变电、主机和辅机、一次和二次设备等之间的检修工作应相互配合。

(5) 当电网运行状况发生变化导致电网有功出力备用不足或电网受到安全约束时，电网调度机构应对相关的发、输变电设备检修计划进行必要的调整，并及时向受到影响的各电网使用者通报。

(6) 年度检修计划是计划检修工作的基础，月度检修计划应在年度检修计划的基础上编制，日检修计划工作应在月度检修计划的基础上安排。

(7) 已有计划的检修工作应按照所属电网《调度管理规程》规定，在履行相应的申请、审批手续后，根据电网调度机构值班调度员的指令，在批复的时间内完成。

查：有关人员是否按照上述原则制定检修计划。

80. 中长期负荷预测应包括哪些内容?

答：依据《电网运行准则》(GB/T 31464—2015)，中长期负荷预测应至少包括以下内容：

(1) 年(月)电量。

（2）年（月）最大负荷。

（3）分地区年（月）最大负荷。

（4）典型日、周负荷曲线，月、年负荷曲线。

（5）年平均负荷率、年最小负荷率、年最大峰谷差、年最大负荷利用小时数、典型日平均负荷率和最小负荷率。

查：相关人员是否按要求开展中长期负荷预测工作。

81. 短期负荷预测有哪些要求？

答：依据《电网运行准则》（GB/T 31464—2015），短期负荷预测有以下要求：

（1）短期负荷预测包括从次日到第 8 日的电网负荷预测。

（2）短期负荷预测应按照 96 点编制，96 点预测时间为0:15～24:00。

（3）各级电网调度机构在编制电网负荷预测曲线时，应综合考虑工作日类型、气象、节假日、社会大事件等因素对用电负荷的影响，积累历史数据，深入研究各种因素与用电负荷的相关性。

（4）各级电网调度机构应实现与气象部门的信息联网，及时获得气象信息，建立气象信息库。

查：相关人员是否按要求开展短期负荷预测工作。

82. 日前负荷预测管理遵循什么原则？开展日前负荷预测时，需要考虑什么因素？

答：依据《国家电网公司日前负荷预测管理规定》[国网（调/4）523—2014]，日前负荷预测管理遵循"统一管理、分级负责"的原则,各级调度机构按照调度管辖的控制区范围组织实施日前负荷预测管理。

各级调控部门在开展电网负荷预测工作时,应综合考虑气象、节假日、社会重大事件、历史负荷特性、经济发展形式等因素对电网负荷的影响,积累历史数据,深入研究各种因素与电网负荷的相关性。

查:有关人员对日前负荷预测管理原则是否清楚,是否具备实际工作所需的综合考虑能力。

83. 母线负荷的含义是什么?开展母线负荷预测时需要考虑哪些因素?

答:依据《国家电网公司日前负荷预测管理规定》[国网(调/4)523—2014],母线负荷指网内所有 220kV 主变压器高压侧,以及发电机组 220kV 升压变压器中压侧的有功负荷,负荷值应充分考虑小水电及分布式电源出力的影响。

母线负荷预测要重点考虑业扩报装、设备检修、低压负荷转供、低电压等级并网电厂发电等因素的影响。

查:有关人员对母线负荷概念的掌握以及母线负荷预测实际工作的综合考虑能力。

84. 停电计划调整有哪些规定?

答:依据《国家电网公司调度计划管理规定》[国网(调/4)529—2014],停电计划调整规定如下:

(1)年度调度计划下达后,原则上不得进行跨月调整;月度计划下达后,原则上不得进行跨周调整。客观原因导致停电计划需要进行上述调整时,申请调整单位提前报相关调控部门批准。

（2）未列入年、月度调度计划，在实际运行中发现对电网安全运行影响较大的缺陷，运维单位汇报运检部门并确认后，向调控部门提交临时停电申请。

查：有关人员对计划情况刚性执行的理解，查有关临时检修情况。

85. 500kV 以上主网输变电设备调度计划执行情况考评应考虑哪些因素？

答：依据《国家电网公司调度计划管理规定》[国网（调/4）529—2014]，500kV 以上主网输变电设备调度计划执行情况考评应考虑以下因素。

（1）最高停电次数：运维责任范围内单元件年度最高停电次数。按照基建和运检原因对每一条（台）线路、母线、主变压器（换流变压器）进行分类统计。

（2）平均停电次数：运维责任范围内所有元件停电次数的平均值。

（3）最小停电时间间隔：运维责任范围内单元件两次停电间隔时间最短。按照基建和运检原因对每一条（台）线路、母线、主变压器（换流变压器）进行分类统计。

（4）平均停电时间间隔：运维责任范围内所有元件停电间隔时间的平均值。

（5）临停率。临时停电包括未列入年、月度调度计划；列入年度计划进行跨月调整；设备跳闸或紧急停运后转检修。

（6）停电计划完成率。因物资及施工准备原因导致年、月度停电计划未能如期开展，取消停电或进行跨月调整的，纳入未完成停电计划进行考评。

查：有关人员对 500kV 以上主网输变电设备停电考核的理解。

86. 编制发电组合时应考虑的因素有哪些？

答：依据《国家电网公司调度计划管理规定》[国网（调/4）529—2014]，编制发电组合时应考虑以下因素：

（1）参考月（周）的负荷持续曲线，按照最大、最小负荷区间确定发电机组组合。

（2）满足电源资源特性限制。火电、水电、核电等发电机组按照等效容量（考虑等效可用系数和强迫停运率）纳入电力电量平衡；风电、光伏等间歇式电源按照预测电量纳入电量平衡；水电、燃机等受电量约束，以及火电机组燃煤不足时，应按照可调电量纳入电量平衡。

（3）发电机组组合应将发电量计划、直接交易合同、发电量替代合同以及完成进度等交易计划作为约束条件。根据电力电量平衡预计，后续全网燃煤机组发电负荷率较低时，将年度电量完成情况较好的火电厂优先纳入发电机组调停序列。

（4）电网最小运行方式确定的必开机组以及满足安全自动装置动作条件需要切除的发电机组，优先纳入发电机组组合并保障其最小发电量。

（5）电网稳定断面及设备运行约束。以跨区跨省计划为边界条件，合理评估相关稳定断面及设备运行约束，优化机组组合及开机分布。

查：有关人员对编制发电计划时是否综合考虑了新能源

消纳情况、出力受阻情况、断面约束、电量进度、旋转备用等情况。

87. 日前联合安全校核按照什么原则开展？

答：依据《国家电网公司调度计划管理规定》[国网（调/4）529—2014]，国（分）、省调按照"统一模型、统一数据、联合校核、全局预控"原则开展日前联合安全校核。各级调度按调度管辖范围对各自提供的电网模型、设备参数、发电计划、母线负荷预测、分省交换计划、设备状态变化等数据的准确性负责。

查：有关人员对日前联合安全校核七大类数据的了解情况。

88. 电网运行风险预警的预控措施包括哪些方面？

答：依据《国家电网公司调度计划管理规定》[国网（调/4）529—2014]，电网运行风险预警的预控措施包括以下方面：

（1）设备停电前对特定关联运行设备运行环境及健康状况的巡视和评估，以实现对内外部风险点的详细摸底和针对性预控。

（2）对故障后可能产生较大影响的关联设备采取特殊的一、二次防护措施，减少故障发生概率，降低事故等级。

（3）降低乃至消除故障后影响而采取的预控措施。

（4）为提高事故处置效率而采取的特殊措施。

查：有关人员对重大检修时风险预控措施的执行情况。

89. 各级调度安排的计划性停电工作，满足预警条件时需提前多少小时发布？

答： 依据《国家电网公司调度计划管理规定》［国网（调/4）529—2014］，各级调度安排的计划性停电工作，满足预警条件时，应至少提前 36h 发布电网运行风险预警，临时性停电可根据电网运行需要即时发布风险预警，以便于相关单位（部门）采取预控措施。

查： 有关调度机构是否及时发布电网运行风险预警。

90. 省级调控机构在联络线功率控制管理工作中应履行的职责是什么？

答： 依据《国家电网公司联络线功率控制管理办法》［国网（调/4）524—2014］，省级调控机构在联络线功率控制管理工作中应履行以下职责：

（1）负责通过调整省间 ACE 参与系统频率的调整，承担相应的频率控制责任。

（2）负责执行分中心下达的省间联络线输电计划，负责监视和控制省间 ACE 在规定范围内。

查： 省级调控机构有无在联络线功率控制管理工作中履行以上职责。

91. 年度停电计划是如何编制的？

答： 依据《国家电网调度控制管理规程》（国家电网调〔2014〕1405 号），年度停电计划应按如下要求编制：

（1）年度停电计划应统筹考虑电网基建投产、设备检修和基础设施工程等因素，并以相关文件为依据。

（2）年度停电计划原则上不安排同一设备年内重复停电；对电网结构影响较大的项目，必须通过专题安全校核后方可安排。

（3）国调及分中心统一制定 500kV 以上主网设备年度停电计划。年度停电计划下达后，原则上不得进行跨月调整。如确需调整，须提前向相关调控机构履行审批手续。

（4）年度发电设备检修计划应考虑分月电力电量平衡和跨区跨省输电计划等。300MW 以上发电设备年度检修计划经全网统筹后，按调管范围发布。

查：相关人员是否按照以上要求编制年度停电计划。

92. 月度停电计划是如何编制的？

答：依据《国家电网调度控制管理规程》（国家电网调〔2014〕1405 号），月度停电计划应按如下要求编制：

（1）月度停电计划以年度停电计划为依据，未列入年度停电计划的项目一般不得列入月度计划。对于新增重点工程、重大专项治理等项目，相关部门必须提供必要说明，并通过调控机构安全校核后方可列入月度计划。

（2）国调及分中心统筹制定 500kV 以上主网设备月度停电计划，统一开展安全校核。

（3）月度停电计划须进行风险分析，制定相应预案及预警发布安排。对可能构成一般及以上事故的停电项目，须提出安全措施，并按规定向相应监管机构备案。

查：相关人员是否按照以上要求编制月度停电计划。

93. 日前停电计划是如何编制的?

答: 依据《国家电网调度控制管理规程》(国家电网调〔2014〕1405 号),日前停电计划应按如下要求编制:

(1)日前停电计划的编制,应以月度停电计划为基础,原则上不安排未列入月度停电计划的项目。

(2)日前停电计划必须遵循 $D-3$ 日以上申报原则。

(3)停电申请须逐级报送;需上级调控机构审批的项目,必须进行安全校核。

(4)计划检修因故不能按批准的时间开工,应在设备预计停运前 6h 报告值班调度员。计划检修如不能如期完工,必须在原批准计划检修工期过半前向调控机构申请办理延期手续。

(5)设备异常需紧急处理或设备故障停运后需紧急抢修时,值班调度员可安排相应设备停电,运维单位应补交检修申请。

查: 相关人员是否按照要求编制日前停电计划。

系统运行专业

94. 什么是快速动态响应同步调相机？

答：快速动态响应同步调相机是具有快速动态无功调节和短时过载能力，主要用于故障工况下向系统提供动态无功支撑，同时兼具稳态无功补偿功能的同步调相机。

查：运行管理人员和设备运维人员对相关专业知识和技术规范、标准的掌握情况。

95. 什么是网源协调？网源协调中涉及的涉网设备主要包括哪些？

答：根据 DL/T 1870—2018《电力系统网源协调技术规范》，网源协调是指发电设备与电网设备之间相互作用及相互协调配合技术领域的总称。同样根据 DL/T 1870—2018《电力系统网源协调技术规范》，网源协调涉及的涉网设备主要包括发电机、励磁系统及 PSS、原动机及调节系统、发变组保护、自动电压控制（AVC）、自动发电控制（AGC）、无功补偿装置（SVC、SVG）、风电与光伏的控制系统与保护装置、发电厂一类辅机变频器、同步相量测量装置等。

查：运行管理人员和设备运维人员对相关专业知识和技术规范、标准的掌握情况。

96. 网源协调有哪些基本要求？网源协调中所述的电源包括哪些？

答：根据 GB 38755—2019《电力系统安全稳定导则》，网源协调的基本要求如下：

（1）电源及动态无功功率调节设备的参数选择必须与电力系统相协调，保证其性能满足电力系统稳定运行的要求。

（2）电源侧的继电保护（涉网保护、线路保护）和自动装置（自动励磁调节器、电力系统稳定器、调速器、稳定控制装置、自动发电控制装置等）的配置和整定应与发电设备相互配合，并应与电力系统相协调，保证其性能满足电力系统稳定运行的要求。

（3）电源均应具备一次调频、快速调压、调峰能力，且应满足相关标准要求。存在频率振荡风险的电力系统，系统内水电机组调速系统应具备相应的控制措施。

（4）电源及动态无功调节设备对于系统电压、频率的波动应具有一定的耐受能力。新能源场站及分布式电源的电压和频率耐受能力原则上与同步发电机组的电压和频率耐受能力一致。

（5）存在次同步振荡风险的常规电厂及送出工程，应根据评估结果采取抑制、保护和监测措施。存在次同步振荡或超同步振荡风险的新能源场站及送出工程，应采取抑制和监测措施。

（6）电力系统应具备基本的转动惯量和短路容量支持能力，在新能源并网发电比重较高的地区，新能源场站应提供必要的转动惯量与短路容量支撑。

根据 GB 38755—2019《电力系统安全稳定导则》，网源协调所述电源指接入 35kV 及以上电压等级电力系统的火电、水电、核电、燃气轮机发电、光热发电、抽水蓄能、风力发电、光伏发电及储能电站等。

查：运行管理人员和设备运维人员对相关专业知识和技术规范、标准的掌握情况。

97. 什么是电力系统次同步振荡？其主要计算方法包括哪些？

答：电力系统次同步振荡是指一种电网和汽轮发电机组在低于工频的一个或几个频率上相互交换能量的非正常运行状态。

电力系统次同步振荡计算的数学方法包括：

（1）采用机组作用系数法，对高压直流输电系统的次同步振荡做出初步评估，筛选需研究的汽轮发电机组。

（2）采用时域仿真法，一般采用适用于刚性动态系统的数值积分算法的时域仿真程序（如电磁暂态仿真软件），用数值积分方法求出描述受扰运动方程的时域解，然后利用发电机组轴系的质块之间扭矩/扭振角/转速偏差的变化，或机端电流/电压中次同步分量的变化，来判断系统的稳定性。

查：有无开展新能源集中接入地区次同步振荡分析工作。

98. 无功补偿的基本原则是什么？

答：无功补偿应坚持分层分区和就地平衡的原则。目前适用于无功电压的主要技术标准和管理规定有：SD 325—1989《电力系统电压和无功电力技术导则》、《国家电网公司电力系统电压质量和无功电压管理规定》（国家电网生〔2009〕133 号）和《国家电网公司电网无功电压调度运行管理规定》[国网（调/4）455—2014]。

查：有关人员是否掌握《电力系统电压和无功电力技术导则》《国家电网公司电力系统电压质量和无功电压管理规定》和《国家电网公司电网无功电压调度运行管理规定》的主要内容。

99. 无功电压分析的基本要求是什么？

答：依据 Q/GDW 1404—2015《国家电网安全稳定计算技术规范》，无功电压分析主要分析无功平衡与电压控制策略，其目的是实现无功的分层分区就地平衡，确保在正常、检修及特殊方式下各电压等级母线电压均能控制在合理水平，并具有灵活的电压调节手段。对于联系薄弱的电网联络线、网络中的薄弱断面等有必要开展电压波动计算分析。

查：无功电压分析是否满足基本要求。

100. 电网无功电压调整的手段有哪些？

答：依据 GB/T 31464—2015《电网运行准则》，电网无功电压调整的手段包括：

（1）调整发电机无功功率。

（2）调整发电变频器、逆变器无功功率。

（3）调整调相机无功功率。

（4）调整无功补偿装置。

（5）自动低压减负荷。

（6）调整电网运行方式。

（7）调整变压器分接头位置。

（8）直流降压运行。

查：电网电压合格率是否满足国家电网公司的要求。

101. 控制电网频率的手段有哪些？

答：根据 GB/T 31464—2015《电网运行准则》，控制电网频率的手段有一次调频、二次调频、高频切机、自动低频减负荷、机组低频自启动、负荷控制及直流调制等。

查：电网频率调节手段掌握情况。

102. 电网分层分区的基本要求是什么？

答：根据 GB 38755—2019《电力系统安全稳定导则》，电网分层分区的基本要求包括：

（1）应按照电网电压等级和供电区域，合理分层分区。合理分层，指将不同规模的电源和负荷接到相适应的电压等级网络上；合理分区，指以受端系统为核心，将外部电源连接到受端系统，形成一个供需基本平衡的区域，并经联络线与相邻区域相连。

（2）随着高一级电压等级电网的建设，下级电压等级电网应逐步实现分区运行，相邻分区之间保持互为备用。应避免和消除严重影响电力系统安全稳定的不同电压等级的电磁环网，电源不宜装设构成电磁环网的联络变压器。

（3）分区电网应尽可能简化，以有效限制短路电流和简化继电保护的配置。

查：本网的电磁环网解环计划，电磁环网解环的落实情况。

103. 什么是电力系统稳定性？

答：依据《电力系统安全稳定计算技术规范》和 GB 38755—2019《电力系统安全稳定导则》，电力系统稳定性指电力系统受到扰动后保持稳定运行的能力。根据电力系统失稳的物理特性、受扰动的大小以及研究稳定问题应考虑的设备、过程和时间框架，电力系统稳定可分为功角稳定、频率稳定和电压稳定三大类以及若干子类。

查：对电力系统稳定性含义以及对功角稳定、频率稳定和电压稳定的理解程度。

104. 电网安全稳定"三级安全稳定标准"是什么？

答：根据 GB 38755—2019《电力系统安全稳定导则》，电力系统承受大扰动能力的安全稳定标准分为三级：

第一级标准：保持稳定运行和电网的正常供电。

第二级标准：保持稳定运行，但允许损失部分负荷。

第三级标准：当系统不能保持稳定运行时，必须尽量防止系统崩溃并减少负荷损失。

查：电网继电保护、稳定控制装置和低频低压减负荷装置配置是否满足规定要求。

105. 保证电力系统安全稳定运行的"三道防线"是什么？

答：根据 GB/T 31464—2015《电网运行准则》，应建立起保证系统安全稳定运行的可靠的三道防线：

（1）满足电力系统第一级安全稳定标准要求，由系统一次网架及继电保护装置来保证，作为系统稳定运行的第一道防线。

（2）满足电力系统第二级安全稳定标准要求，配置切机、切负荷控制等装置，作为系统稳定运行的第二道防线。

（3）满足电力系统第三级安全稳定标准要求，配置适当的失步解列装置及足够容量的低频、低压减负荷装置和高频切机、快关主汽门等装置，作为系统稳定运行的第三道防线。

查：电网安全自动装置的配置情况。

106. 安全自动装置配置的原则是什么？

答： 依据 GB/T 26399—2011《电力系统安全稳定控制技术导则》，安全自动装置配置原则如下：

（1）采用的稳定措施主要包括稳定切机和高频切机、发电机励磁紧急控制、火电机组快关主汽门、水电厂投入制动电阻、集中或分散切负荷、失步解列、自动低频（低压）解列、直流调制、自动低频（低压）减负荷装置等。

（2）安全自动装置一般设置在厂站端。当采用区域性安全稳定控制措施时，可在调度端设置监控系统。

（3）安全稳定控制系统（含厂站执行装置）及重要的安全自动装置应按双重化配置，通道应按不同路由实现双重化配置。

（4）安全稳定控制系统和安全自动装置需单独配置，具有独立的投入和退出回路，应避免与厂站计算机监控系统混合配置。

（5）安全自动装置必须满足接入电网安全稳定控制系统的技术要求，安全自动装置的运行状态应根据电网调控机构的要求上传。

查： 安全自动装置配置的主要原则掌握情况。

107. 安全稳定控制措施管理的基本要求是什么？

答： 依据《国家电网调度控制管理规程》（国家电网调〔2014〕1405号），安全稳定控制措施管理的基本要求如下：

（1）调控机构应根据 GB 38755—2019《电力系统安全稳定导则》规定的安全稳定标准，制定电网安全稳定控制措施。

（2）安全稳定控制系统原则上按分层分区配置，各级稳定控制措施必须协调配合。稳定控制措施应优先采用切机、直流调制，必要时可采用切负荷、解列局部电网。

（3）国调及分中心统一下达国家电网500kV以上主网安全稳定控制方案，统一下达省级电网低频自动减负荷方案。

查：是否按照安全稳定控制措施管理的基本要求开展工作。

108. 电力系统安全稳定计算分析的任务是什么？

答：根据 GB 38755—2019《电力系统安全稳定导则》，电力系统安全稳定计算分析应根据系统的具体情况和要求，进行系统安全性分析，包括静态安全、静态稳定、暂态功角稳定、动态功角稳定、电压稳定、频率稳定、短路电流的计算与分析，并关注次同步振荡或超同步振荡问题。研究系统的基本稳定特性，检验电力系统的安全稳定水平和过负荷能力，优化电力系统规划方案，提出保证系统安全稳定运行的控制策略和提高系统稳定水平的措施。

查：安全稳定分析报告的内容是否满足要求。

109. 电网运行方式管理工作包含哪些内容？

答：根据《国家电网公司电网运行方式管理规定》[国网（调/4）521—2014]，电网运行方式管理工作主要包含电网运行方式分析、离线计算数据平台管理、协同计算平台管理和年度运行方式编制框架等四个方面的工作，构成运行方式管理工作的主体内容。

查：运行方式管理工作内容是否全面。

110. 电网运行方式管理工作应遵循的原则是什么？

答：根据《国家电网公司电网运行方式管理规定》[国网（调/4）521—2014]，电网运行方式管理工作严格按照"统一程序、统一模型、统一稳定判据、统一运行方式、统一安排计算任务、统一协调运行控制策略"的原则执行（简称"六统一原则"）。

查：运行方式管理工作是否执行"六统一原则"。

111. 并网前，拟并网方应与电网企业签订哪些文件？

答：根据 GB/T 31464—2015《电网运行准则》要求，在并网前，拟并网方与电网企业应签订《并网调度协议》和《购售电合同》或《供用电合同》。

查：各调控机构与调管电厂、用户《并网调度协议》签订情况。

112. 什么是 $N–1$ 原则？

答：根据 GB 38755—2019《电力系统安全稳定导则》，正常运行方式下的电力系统中任一元件（如发电机、交流线路、变压器、直流单极线路、直流换流器等）无故障或因故障断开，电力系统应能保持稳定运行和正常供电，其他元件不过负荷，电压和频率均在允许范围内。

$N–1$ 原则用于电力系统静态安全分析（任一元件无故障断开），或动态安全分析（任一元件故障后断开的电力系统稳定性分析）。

当发电厂仅有一回送出线路时，送出线路故障可能导致失去一台以上发电机组，此种情况也按 $N–1$ 原则考虑。

查：电网安全稳定控制是否满足 $N–1$ 原则。

113. 发电机组励磁调速参数管理的内容及适用范围是什么？

答：依据《国家电网公司发电机组励磁调速涉网参数管理工作规定》（国家电网企管〔2018〕176 号），发电机组励磁调速参数管理是指对同步发电机励磁（含电力系统稳定器 PSS）、调速系统的试验、参数整定及审核入库等涉网管理工作。

励磁调速涉网参数管理适用于接入公司电网的单机容量 100MW 及以上火电、燃气和核电机组，40MW 及以上水电机组，接入 220kV 及以上电压等级的发电机组，以及调度机构根据电网安全稳定分析和控制需要，认为对电网安全稳定运行有较大影响的其他发电机组。

查：励磁调速参数管理是否满足要求。

114. 发电机组电力系统稳定器（PSS）并网管理的基本要求是什么？

答：依据 Q/GDW 684—2011《发电机组电力系统稳定器（PSS）运行管理规定》，发电机组 PSS 并网管理的基本要求如下：

（1）发电机组的 PSS 性能指标应符合国家有关技术标准，并满足电网安全稳定运行的要求，否则发电机组不得正式并网运行。

（2）发电机组的 PSS 应通过国家质检部门的型式试验或各网省有关检测规定要求的入网检测才能进入电网。

（3）对于已经运行的但主要技术指标不满足有关国家标准和行业标准要求的 PSS，发电厂应制定整改方案和计划并报调度部门和技术监督部门审核，并按要求完成整改。在完成改造之前，所属调度部门有权根据电网运行情况采取必要的控制措施。

查：PSS并网管理工作是否满足基本要求。

115. 平息低频振荡有哪些控制方法？

答：依据 GB/T 26399—2011《电力系统安全稳定控制技术导则》，平息低频振荡的控制方法如下：

（1）借助电网调度信息、实时动态监测系统或其他自动告警信息，判明并解列振荡源。

（2）视振荡情况，退出相关电厂机组自动发电控制系统（AGC）、厂站无功电压自动控制系统（AVC）。

（3）立即降低送电端发电出力。

（4）发电厂和装有调相机的变电站应立即增加发电机、调相机的励磁电流，提高电压。

（5）应投入直流输电系统、可控串补等新型输电技术的附加阻尼控制，提高互联系统动态稳定性。

查：是否熟练掌握平息低频振荡的控制方法。

116. 电网大机组频率保护定值与低频减载定值需要满足什么条件？

答：按照 DL/T 428—2010《电力系统自动低频减负荷技术规定》中对低频减负荷整定的基本要求规定，低频减负荷应保证系统低频值与所经历的时间，能与运行中机组的自动低频保护相配合。就是要保证在系统低频时，大机组频率保护不应先于低频减负荷动作。

查：电网大机组频率保护定值、低频减负荷方案及定值。本网大机组频率保护是否满足 DL/T 428—2010《电力系统自动低频减负荷技术规定》中低频减负荷定值配合的要求。

117. 电网自动低频、低压减载方案包括哪些内容？

答：按照 DL/T 428—2010《电力系统自动低频减负荷技术规定》和 DL/T 1454—2015《电力系统自动低压减负荷技术规定》规定，方案应包括切负荷轮数、每轮动作频率（或电压）和时间、每轮各地区所切负荷数。

查：分部、省级、市级电网低频、低压减载方案，查各级电网的低频、低压减负荷方案是否落实。

118. 合理的电网结构作为电力系统安全稳定运行的基础，应满足哪些基本要求？

答：根据 GB 38755—2019《电力系统安全稳定导则》，合理的电网结构和电源结构是电力系统安全稳定运行的基础。在电力系统的规划设计阶段，应统筹考虑，合理布局；在运行阶段，运行方式安排也应注重电网结构和电源开机的合理性。合理的电网结构和电源结构应满足如下基本要求：

（1）能够满足各种运行方式下潮流变化的需要，具有一定的灵活性，并能适应系统发展的要求。

（2）任一元件无故障断开，应能保持电力系统的稳定运行，且不致使其他元件超过规定的事故过负荷能力和电压、频率允许偏差的要求。

（3）应有较大的抗扰动能力，并满足 GB 38755—2019

《电力系统安全稳定导则》中规定的有关各项安全稳定标准。

（4）满足分层和分区原则。

（5）合理控制系统短路电流。

（6）交、直流相互适应，协调发展。

（7）电源装机的类型、规模和布局合理，具有一定的灵活调节能力。

查：在电网规划设计阶段和电网运行方式安排中，注重电网结构的合理性，满足 GB 38755—2019《电力系统安全稳定导则》中规定的基本要求。

119. 在保证系统稳定性的前提下，安全自动装置对切负荷量的基本要求是什么？

答：依据《国家电网公司安全自动装置运行管理规定》[国网（调/4）526—2014]，安全自动装置的控制策略在保证系统稳定性的前提下应尽可能减少切负荷量。当切负荷的动作结果达到《电力安全事故应急处置和调查条例》（国务院令第 599 号）所规定的电网一般事故或《国家电网有限公司安全事故调查规程》（国家电网安监〔2020〕820 号）所规定的五级电网事件时，应向本单位安全监察部门备案。

查：安全自动装置切负荷量达到一般事故或五级电网事件的是否已向安监部门备案。

120. 电力安全事故等级划分标准的判定项有哪些？

答：根据《电力安全事故应急处置和调查处理条例》（国务院令第 599 号），判定项目有：

（1）造成电网减供负荷的比例。

（2）造成城市供电用户停电的比例。

（3）发电厂或者变电站因安全故障造成全厂（站）对外停电的影响和持续时间。

（4）发电机组因安全故障停运的时间和后果。

（5）供热机组对外停止供热的时间。

查：《电力安全事故应急处置和调查处理条例》中的事故定级标准的掌握情况。

121. 特高压输电设备故障后稳态过电压分析的必要性是什么？

答：根据 Q/GDW 1404—2015《国家电网安全稳定计算技术规范》，750kV/1000kV 电压等级需分析元件开断后的空载充电状态下设备的电压水平，并研究设备在出现稳态电压升高后应采取的解决方案，如过电压保护、安全自动装置等。

查：有无开展特高压输电设备故障后的稳态过电压分析工作。

122. 电网运行风险预警管控工作中调控部门的职责是什么？

答：根据 Q/GDW 11711—2017《电网运行风险预警管控工作规范》，各级调控部门是电网运行风险预警主要发起部门，负责电网运行风险评估、发布、延期、取消和解除，会同相关部门编制"电网运行风险预警通知单"（简称"预警通知单"），提出电网运行风险管控要求；组织优化运行方式、制定事故预案等措施；负责向政府电力运行主管部门报告、向相关并网电厂告知电网运行风险预警；负责检查本专业电网运行风险预警管控工作情况。

查：各级调控机构电网运行风险预警通知单的编制、会签和执行等闭环管理过程。

123. 省公司电网运行风险预警发布条件有哪些？

答：根据 Q/GDW 11711—2017《电网运行风险预警管控工作规范》，省公司电网运行风险预警发布条件包括但不限于：

（1）省调管辖设备停电期间再发生 $N-1$ 及以上故障，可能导致六级以上电网安全事件。

（2）设备停电造成省内 500kV 及以上变电站改为单线供电、单台主变压器、单母线运行的情况，且无法通过运行方式调整等手段保障电网安全稳定运行。

（3）省内 500kV 及以上主设备存在缺陷或隐患不能退出运行。

（4）重要输电通道故障，符合有序用电启动条件。

（5）省内 220kV 枢纽站二次系统改造，会引起全站停电，对外造成重要影响。

（6）跨越施工等原因可能造成高铁停运。

（7）设备停电期间再发生 $N-1$ 故障，可能造成运行机组总容量 1000MW 及以上的省调管辖发电厂全厂对外停电。

查：省级调控机构电网运行风险预警发布条件是否满足上述规定要求。

124. 输变电设备调度命名应遵循什么原则？

答：依据《国家电网调度控制管理规程》（国家电网调

〔2014〕1405号），输变电设备调度命名应遵循统一、规范的原则：

（1）特高压交直流系统、跨区交直流系统及其第一级出线范围内设备按相同规则进行调度命名。

（2）新建500kV以上变电站的命名，应在工程初设阶段，由工程管理单位报相关调控机构审定。

（3）下级调控机构调管变电站命名，应报送上级调控机构核备。

查：相关人员是否按照上述原则对输变电设备进行调度命名、审定、核备工作。

125. 新设备启动前必须具备什么条件？

答：依据《国家电网调度控制管理规程》（国家电网调〔2014〕1405号），新设备启动前必须具备下列条件：

（1）设备验收工作已结束，质量符合安全运行要求，有关运行单位已向调控机构提出新设备投运申请。

（2）所需资料已齐全，参数测量工作已结束，并以书面形式提供给有关单位（如需要在启动过程中测量参数者，应在投运申请书中说明）。

（3）生产准备工作已就绪（包括运行人员的培训、调管范围的划分、设备命名、现场规程和制度等均已完备）。

（4）监控（监测）信息已按规定接入。

（5）调度通信、自动化系统、继电保护、安全自动装置等二次系统已准备就绪。计量点明确，计量系统准备就绪。

（6）启动试验方案和相应调度方案已批准。

查：新设备启动时是否都已具备上述条件。

126. 各级调控部门在新建工程的规划设计阶段的主要职责是什么？

答：依据《国家电网公司新建发输变电工程前期及投运调度工作规则》[国网（调/4）456—2014]，各级调控部门在新建工程的规划设计阶段的职责是，按照本级调度管辖范围，全面深入地完成前期规划设计的各项工作。具体包括：

（1）配合规划部门和设计单位进行基础运行资料的收资。

（2）提出系统未来运行需求。

（3）提出对新建工程调控部门的设计需求和建议。

（4）相关调控部门要全过程参与对规划设计方案的论证和评审工作。

查：各级调控部门在新建工程的规划设计阶段有无履行上述职责。

127. 各级调控部门在新建工程的建设阶段的主要职责是什么？

答：依据《国家电网公司新建发输变电工程前期及投运调度工作规则》[国网（调/4）456—2014]，在新建工程的建设阶段，各级调控部门要按调度管辖范围，密切配合建设阶段的初步设计工作。包括：配合设计单位对新建工程系统主接线方式、投运后系统运行方式、一二次设备性能要求、基建工程过渡方案、基建施工中运行系统配合方案等方案的确定；提出须与运行系统配合的设备（特别是涉网继电保护装置、系统安全自动装置、调度通信和调度自动化设备等）的选型意见；提出相应的调控技术支持系统修改和设计方案；参与必要的设备招标选型工作；全过程参与对初步设计方案的论证和评审工作。

查：各级调控部门在新建工程的建设阶段有无履行上述职责。

水电及新能源专业

128. 国调中心对网调和省调新能源优先调度工作的评价依据是什么？

答： Q/GDW 11065—2013《新能源优先调度工作规范》规定，国调中心对网调和省调新能源优先调度工作进行评价的依据包括：

（1）年度新能源优先调度计划编制流程单及年度新能源计划空间裕度。

（2）月度新能源优先调度计划编制流程单及月度新能源计划空间裕度。

（3）日前新能源优先调度计划编制流程单及负荷备用率，新能源功率预测值纳入计划的比例。

（4）调峰受限时段常规机组是否按最小技术出力运行。

（5）调峰受限时段联络线申请支援及落实情况记录。

（6）通道受限时段的输电断面利用率（受限时段断面平均传输功率/受限时段断面限额）在 90%以上。

查： 专业人员是否清楚评价依据，是否开展优先调度自评价工作。

129. 电网清洁能力实时消纳能源评估中，发电机组最小技术出力应考虑哪些因素？

答： 依据 Q/GDW 11890—2018《电网清洁能源实时消纳能力评估技术规范》，发电机组最小技术出力应考虑以下因素。

（1）火电：供热、供汽、防冻、煤质、环保排放、设备缺陷、环境温湿度等。

（2）水电：防汛、防凌、航运、供水、生态、水位控制、设备缺陷要求等。

（3）抽蓄：库容、上下库水位控制要求、水头、系统调峰调频、设备缺陷等。

（4）储能：储能系统功率和容量、控制策略、设备缺陷、系统调峰调频等。

（5）核电：核安全、设备缺陷等。

（6）其他类型机组（发电厂）最小技术出力可参照上述要求考虑。

查：电网清洁能源实时消纳能力评估中，最小技术出力是否综合考虑上述因素。

130. 新能源调度运行日报的主要内容有哪些？

答：依据《国家电网有限公司新能源调度运行汇报管理规定》[国网（调/4）971—2019]，新能源调度运行日报的主要内容包括：

（1）资源情况，包括各场站测风、测光数据等。

（2）发电情况，包括日最大/最小电力、日发电量等。

（3）受阻情况，包括日最大受阻电力、日站内/调峰/通道受阻电量及受阻原因等。

（4）预测情况，包括短期预测、超短期预测数据等。

查：新能源场站调度运行日报主要内容是否齐备。

131. 何为可再生能源消纳责任权重？如何计算？

答：根据国家发改委、国家能源局《关于建立健全可再生能源电力消纳保障机制的通知》（发改能源〔2019〕807号），可再生能源电力消纳责任权重是指按省级行政区域对电力消费规定应达到的可再生能源电量比重，包括可再生能源电力总量消纳责任权重和非水可再生能源电力消纳责任权重。计算方法为：

总量消纳责任权重=（本区域生产且消费年可再生能源电量+年净输入可再生能源电量）÷本区域年全社会用电量；非水电消纳责任权重=（本区域生产且消费年非水电可再生能源电量+年净输入非水电可再生能源电量）÷本区域年全社会用电量。

查：专业人员对可再生能源消纳责任权重的概念、计算方法是否清楚。

132. 风力资源评估中监测数据应满足哪些要求？

答：依据 Q/GDW 11901—2018《风力发电资源评估方法》，测风塔监测数据时间分辨率为 5min，参数应包括 10m、30m、50m、70m、轮毂高度的风速、风向，以及 10m 层高的气温和气压，有效数据长度宜大于 1 年。

查：风电场风力资源评估监测数据是否满足规定要求。

133. 风电场单机数据应满足哪些要求？

答：依据 Q/GDW 11900—2018《风电理论功率及受阻电量计算方法》规定，风电场单机数据应满足如下要求：

（1）应收集风电场内所有风电机组的静态信息数据，包括经纬度坐标、样板风机标记、轮毂高度、额定容量及数量等。

（2）应收集风电机组动态运行数据，包括风电场内所有风电机组的单机功率、机舱风速、风向和单机运行状态等。

（3）风电机组动态运行数据应具有时标，数据的时间分辨率不应低于 5min，数据的时间延迟应小于 5min。

查：风电场单机数据是否满足规定要求。

134. 对风电场风功率预测准确率要求有哪些？

答：依据 Q/GDW 10588—2015《风电功率预测功能规范》规定，单个风电场短期预测月准确率应大于 80%，超短期预测第 4h 预测值月准确率应大于 85%；短期预测月合格率应大于 80%，超短期预测月合格率应大于 85%。

查：专业人员对风电场风功率预测准确率要求是否清楚，风电场风功率预测准确率是否满足要求。

135. 调度侧风电有功功率自动控制模式有哪些？

答：依据 Q/GDW 11273—2014《风电有功功率自动控制技术规范》规定，调度中心侧风电有功功率自动控制模式包括：

（1）基点调节模式：控制指令由调度运行人员人工输入。

（2）计划调节模式：将调度中心离线制定的风电场发电计划下发风电场。

（3）实时调度模式：通过分钟级在线计算，实时给出各风电场的有功控制策略，并通过安全校核后下发至风电场，适用于调峰或断面约束等控制。

查：专业人员是否熟悉要求，调度侧风电有功功率控制模式是否齐全。

136. 对光伏发电功率预测准确率要求有哪些？

答：依据 NB/T 32031—2016《光伏发电功率预测系统

功能规范》规定，单个光伏发电站短期预测月准确率应大于80%，超短期预测第 4h 预测值月均方根误差应小于 10%。

查：专业人员对光伏发电站功率预测准确率要求是否清楚，光伏发电站功率预测准确率是否满足要求。

137. 光伏发电站运行时提交的实时气象信息有哪些？

答：依据 Q/GDW 1997—2013《光伏发电调度运行管理规范》规定，光伏发电站运行时应提交的实时气象信息包括：

（1）总辐射、直接辐射和散射辐射，时间间隔不大于5min。

（2）湿度，时间间隔不大于 5min。

（3）环境温度和光伏电池板温度，时间间隔不大于5min。

（4）风速、风向和气压，时间间隔不大于 5min。

（5）电网调度机构需要的其他实时气象信息。

查：光伏发电站运行时提交的实时气象信息，是否有遗漏。

138. 哪些情况可以不纳入弃光电量的统计？

答：依据 Q/GDW 11761—2017《光伏发电站理论发电量与弃光电量评估导则》，以下情况不纳入弃光电量统计：

（1）并网调试阶段、临时方案接入系统。

（2）并网技术条件不满足相关标准要求，整改期间。

（3）依据有关法律、规定及政策，整改期间。

（4）光伏电站（含送出线路）发生故障、缺陷和检修停电期间。

（5）其他原因造成的不纳入受阻电量统计的情况，如电网合理检修等造成的弃光。

查：光伏电站不纳入统计的弃光电量是否清楚。

139. 正常运行工况下，光伏发电站有功功率控制至少应具备哪几种模式？

答：依据 Q/GDW 11762—2017《光伏发电站功率控制技术规定》，正常运行工况下，光伏发电站有功功率控制至少应具备定值控制、差值控制和调频控制等三种模式：

（1）定值模式：光伏发电站将有功功率控制在调度机构下发的设定值。

（2）差值模式：光伏发电站低于可用发电功率运行，实际有功功率与可用发电功率的差值ΔP由调度机构下发。

（3）调频控制：根据并网点频率实时调整光伏发电站有功功率。

查：光伏发电站有功功率控制是否具备上述三种模式。

140. 通过 35kV 及以上电压等级并网及通过 10kV 电压等级与公共电网连接的光伏发电站，逆变器应满足哪些一次调频控制要求？

答：GB/T 37408—2019《光伏发电并网逆变器技术要求》规定，通过 35kV 及以上电压等级并网，以及通过 10kV 电压等级与公共电网连接的光伏发电站，逆变器宜具备一次调频功能，当系统频率偏差值大于 0.03Hz，逆变器应能调节有功功率输出，具体要求如下：

（1）当系统频率上升时，逆变器应减少有功功率输出，有功功率出力最大减少量为20%P_N（被测逆变器的额定有功功率值）。

（2）当系统频率下降时，逆变器配有储能设备时可增加有功功率输出。

（3）一次调频的调差率应可设置。

（4）一次调频控制响应时间不应大于500ms，调节时间不应大于2s。

查： 光伏发电站的一次调频控制性能是否满足规定要求。

141. 分布式电源应向电网调度机构提供哪些信息？

答： 依据 GB/T 33593—2017《分布式电源并网技术要求》，通过 10（6）kV～35kV 电压等级并网的分布式电源，在正常情况下，分布式电源向电网调度机构提供的信号至少应包括：

（1）通过380V 电压等级并网的分布式电源，以及10（6）kV 电压等级接入用户侧的分布式电源，可只上传电流、电压和发电量信息，条件具备时，预留上传并网点开关状态能力。

（2）通过10（6）kV 电压等级直接接入公共电网，以及通过 35kV 电压等级并网的分布式电源，应能够实时采集并网运行信息，主要包括并网点开关状态、并网点电压和电流、分布式电源输送有功功率、无功功率、发电量等，并上传至相关电网调度部门；配置遥控装置的分布式电源，应能接收、执行调度端远方控制解/并列、启停和发电功率的指令。

查：专业人员是否清楚分布式电源信息，分布式电源信息是否接入齐全。

142. 分布式电源接入电网承载力评估等级分为哪几级？各等级的含义及对分布式电源接入的建议是什么？

答：依据 DL/T 2041—2019《分布式电源接入电网承载力评估导则》，分布式电源接入电网承载力等级应根据计算分析结果，分区分层确定。评估等级由低到高可分为绿色、黄色、红色。各个等级的含义如下：

（1）绿色：可完全就地消纳，电网无反送潮流。推荐分布式电源接入。

（2）黄色：电网反送潮流不超过设备限额的 80%。对于确需接入的项目，应开展专项分析。

（3）红色：电网反送潮流超过设备限额的 80%，或电网运行存在安全风险。在电网承载力未得到有效改善前，暂停新增分布式电源项目接入。

查：各级相关部门对分布式电源接入电网承载力评估等级是否清楚，是否按照评估等级开展分布式电源接入工作。

143. 通过 10（6）kV 电压等级直接接入公共电网，以及通过 35kV 电压等级并网的分布式电源，频率运行响应时间需要满足哪些要求？

答：依据 GB/T 33593—2017《分布式电源并网技术要求》规定，通过 10（6）kV 电压等级直接接入公共电网，以及通过 35kV 电压等级并网的分布式电源宜具备一定的耐受系统频率异常的能力，应能够满足以下频率响应时间要求：

（1）当 f<48Hz，变流器类型分布式电源根据变流器允许运行的最低频率或电网调度机构要求而定；同步发电机类型、异步发电机类型分布式电源每次运行时间不宜少于60s，有特殊要求时，可在满足安全稳定运行的前提下做适当调整。

（2）当 48Hz≤ f<49.5Hz，每次低于 49.5Hz 时要求至少能运行 10min。

（3）当 49.5Hz≤ f≤50.2Hz，连续运行。

（4）当 50.2Hz< f≤50.5Hz，频率高于 50.2Hz 时，分布式电源应具备降低有功功率输出的能力，实际运行可由电网调度机构决定；此时不允许处于停运状态的分布式电源并入电网。

（5）当 f>50.5Hz，立刻终止向电网线路送电，且不允许处于停运状态的分布式电源并网。

查：分布式电源频率响应时间是否满足规定要求。

144. 储能系统调频和调峰正常运行控制要求是什么？

答：依据 Q/GDW 11892—2018《储能系统调度运行规范》，储能系统应满足满功率调频和调峰的要求，参与电力系统调频时储能系统功率爬坡率应不低于 10%额定功率/100ms，参与电力系统调峰时储能系统功率爬坡率应不低于10%额定功率/1s，并应符合 GB/T 31464《电网运行准则》的相关规定。

查：储能系统的调频、调峰是否满足规定要求。

145. 接入公用电网的电化学储能系统,应满足什么频率运行要求?

答:依据 GB/T 36547—2018《电化学储能系统接入电网技术规定》,接入公用电网的电化学储能系统,应满足下列频率运行要求:

(1)f<49.5Hz,储能系统不应处于充电状态。

(2)49.5Hz≤f≤50.2Hz,储能系统应连续运行。

(3)f>50.2Hz 时,储能系统不应处于放电状态。

查:储能系统频率定值是否满足规定要求。

146. GB 38755—2019《电力系统安全稳定导则》中规定,水电厂送出线路哪些情况下允许只按静态稳定储备送电?

答:依据 GB 38755—2019《电力系统安全稳定导则》,水电厂送出线路在下列情况下允许只按静态稳定储备送电,但应有防止事故扩大的相应措施:

(1)如发生稳定破坏但不影响主系统的稳定运行时,允许只按正常静态稳定储备送电。

(2)在故障后运行方式下,运行只按故障后静态稳定储备送电。

查:专业人员是否清楚按静态稳定储备送电的情况。

147. 黄河流域生态保护及高质量发展国家战略的主要目标任务是什么?

答:根据习近平总书记 2019 年 9 月 18 日在黄河流域生态保护和高质量发展座谈会上的讲话,黄河流域生态保护及高质量发展国家战略的主要目标是:要坚持绿水青山就是金山银山的理念，坚持生态优先、绿色发展，以水而定、量水而行。着力加强生态保护治理、保障黄河长治久安、促进全流域高质量发展、改善人民群众生活、保护传承弘扬黄河文化，让黄河成为造福人民的幸福河。

查：专业人员对黄河流域生态保护及高质量发展国家战略的主要目标任务是否清楚。

继电保护专业

148. 什么是继电保护的主保护、后备保护、辅助保护及异常运行保护？

答：GB/T 14285—2006《继电保护和安全自动装置技术规程》规定：主保护是满足系统稳定和设备安全要求，能以最快速度有选择地切除被保护设备和线路故障的保护。后备保护是主保护或断路器拒动时，用来切除故障的保护。后备保护可分为远后备和近后备两种。辅助保护是为补充主保护和后备保护退出运行而增设的简单保护。异常运行保护是反应被保护电力设备或线路异常运行状态的保护。

查：所管辖电网所有元件的主保护和后备保护是否满足配置要求。

149. 什么是继电保护装置的可靠性？怎样保证可靠性？

答：GB/T 14285—2006《继电保护和安全自动装置技术规程》规定：可靠性是指保护该动作时应动作，不该动作时不动作。为保证可靠性，宜选用性能满足要求、原理尽可能简单的保护方案，应采用由可靠的硬件和软件构成的装置，并应具有必要的自动检测、闭锁、告警等措施，以及便于整定、调试和运行维护。

查：所管辖范围内继电保护装置的运行情况是否存在不正常运行状态，继电保护缺陷是否及时处理。

150. 什么是继电保护的选择性？如何保证选择性？

答：GB/T 14285—2006《继电保护和安全自动装置技术规程》规定：选择性是指首先由故障设备或线路本身的保护切除故障，当故障设备或线路本身的保护或断路器拒动时，才允许由相邻设备、线路的保护或断路器失灵保护切除故障。为保证选择性，对相邻设备和线路有配合要求的保护和同一保护内有配合要求的两元件（如起动与跳闸元件、闭锁与动作元件），其灵敏系数及动作时间应相互配合。

查：继电保护整定配合是否满足选择性的要求。

151. 220kV～750kV 电网继电保护的运行整定应以什么为根本目标？应满足什么要求？

答：DL/T 559—2018《220kV～750kV 电网继电保护装置运行整定规程》)规定：220kV～750kV 电网继电保护的运行整定应以保证电网全局的安全稳定运行为根本目标。电网继电保护的整定应满足速动性、选择性和灵敏性的要求，当由于电网运行方式、装置性能等原因，不能兼顾速动性、选择性或灵敏性的要求时，应在整定时合理取舍，并执行如下原则：

（1）局部电网服从整个电网。

（2）下一级电网服从上一级电网。

（3）局部问题自行处理。

（4）尽量照顾局部电网和下级电网的需要。

查：继电保护整定计算方案，在系统运行方式发生重大变化时是否及时校核定值。

152. 继电保护及安全自动装置整定范围如何划分？

答：依据 Q/GDW 11069—2013《省级及以上电网继电保护整定计算管理规定》和《国家电网调度控制管理规程》（国家电网调〔2014〕1405 号）中的规定，继电保护和安全自动装置的整定计算范围应与调度管辖范围一致（含上级调度授权），不一致时应有明确的文件要求。发变组保护定值计算由发电厂负责，涉网定值部分应报所接入电网调控机构备案；发变组中性点零序电流保护定值应按照调控机构下达的限值执行。系统安全稳定装置的定值应由相关调度机构系统运行专业整定下达。

查：继电保护整定计算范围划分是否满足规定要求。

153. 微机继电保护装置选型有什么要求？

答：DL/T 587—2016《继电保护和安全自动装置运行管理规程》规定：

（1）应选用经电力行业认可的检验机构检测合格的保护装置。

（2）应优先选用原理成熟、技术先进、制造质量可靠，并在国内同等或更高的电压等级有成功运行经验的保护装置。

（3）选择保护装置时，应充分考虑技术因素所占的比重。

（4）选择保护装置时，在本电网的运行业绩应作为重要的技术指标予以考虑。

（5）同一厂站内保护装置型号不宜过多，以利于运行人员操作、维护校验和备品备件的管理。

（6）要充分考虑制造厂商的技术力量、质保体系和售后服务情况。

查：所管辖电网内的微机保护装置是否存在选型不当的问题。

154. 继电保护全过程管理包括哪些环节？

答： Q/GDW 768—2012《继电保护全过程管理标准》规定：继电保护的全过程管理包括对继电保护的规划、设计、设备招投标、基建（安装调试）、验收、整定计算、运行维护、设备入网、反事故措施、技术改造、并网电厂及高压用户涉网部分的管理，涵盖了继电保护的全周期全寿命管理。

查： 所管辖电网内继电保护的管理是否存在死角，是否满足全过程管理的要求。

155. 新入网运行的继电保护装置应满足什么要求？

答： Q/GDW 768—2012《继电保护全过程管理标准》规定：新入网运行的继电保护装置应满足国家电网公司继电保护设备标准化要求，经过国家或行业检测中心的检测试验，装置软件及其 ICD 文件应通过公司组织的专业检测及 ICD 模型工程应用标准化检测，有相应电压等级或更高电压等级电网试运行经验，并经电网调度部门复核。

查： 所管辖电网内新投运继电保护设备是否符合上述要求。

156. 继电保护双重化配置应满足哪些基本要求？

答：《国家电网公司十八项电网重大反事故措施》（国家电网设备〔2018〕979 号）规定，双重化配置的继电保护应满足以下基本要求：

（1）两套保护装置的交流电流应分别取自电流互感器互相独立的绕组；交流电压应分别取自电压互感器互相独立的绕组。对原设计中电压互感器仅有一组二次绕组，且已经投运的变电站，应积极安排电压互感器的更新改造工作，改造完成前，应在开关场的电压互感器端子箱处，利用具有短路跳闸功能的两组分相空气开关将按双重化配置的两套保护装置交流电压回路分开。

（2）两套保护装置的直流电源应取自不同蓄电池组连接的直流母线段。每套保护装置与其相关设备（电子式互感器、合并单元、智能终端、网络设备、操作箱、跳闸线圈等）的直流电源均应取自与同一蓄电池组相连的直流母线，避免因一组站用直流电源异常对两套保护功能同时产生影响而导致的保护拒动。

（3）220kV 及以上电压等级断路器的压力闭锁继电器应双重化配置，防止其中一组操作电源失去时，另一套保护和操作箱或智能终端无法跳闸出口。对已投入运行，只有单套压力闭锁继电器的断路器，应结合设备运行评估情况，逐步进行技术改造。

（4）两套保护装置与其他保护、设备配合的回路应遵循相互独立的原则，应保证每一套保护装置与其他相关装置（如通道、失灵保护）联络关系的正确性，防止因交叉停用导致保护功能缺失。

（5）220kV 及以上电压等级线路按双重化配置的两套保护装置的通道应遵循相互独立的原则，采用双通道方式的保护装置，其两个通道也应相互独立。保护装置及通信设备电源配置时应注意防止单组直流电源系统异常导致双重化快速保护同时失去作用的问题。

（6）为防止装置家族性缺陷可能导致的双重化配置的两套继电保护装置同时拒动的问题，双重化配置的线路、变压器、母线、高压电抗器等保护装置应采用不同生产厂家的产品。

（7）220kV 及以上电压等级线路、变压器、母线、高压电抗器、串联电容器补偿装置等输变电设备的保护应按双重化配置，相关断路器的选型应与保护双重化配置相适应，220kV 及以上电压等级断路器必须具备双跳闸线圈机构。1000kV 变电站内的 110kV 母线保护宜按双套配置，330kV 变电站内的 110kV 母线保护宜按双套配置。

（8）当保护采用双重化配置时，其电压切换箱（回路）隔离开关辅助触点应采用单位置输入方式。单套配置保护的电压切换箱（回路）隔离开关辅助触点应采用双位置输入方式。电压切换直流电源与对应保护装置直流电源取自同一段直流母线且共用直流空气开关。

查：所管辖电网输变电设备是否按双重化相关要求配置继电保护装置。

157. 微机继电保护装置实行状态检修后怎样确定例行检验周期？

答：Q/GDW 1806—2013《继电保护状态检修导则》规定：继电保护实行状态检修在投产后 1 年内应开展投运后第一次全部检验；状态检修的基准周期为 5 年，根据设备状态评价结果延长或缩短检修周期，最长不超过 6 年，即每隔 6 年至少保证开展 1 次例行试验；在一次设备停电时，继电保护及二次回路宜根据需要进行检修。

查：继电保护装置及二次回路在投产后 1 年内是否开展首检；是否存在超过 6 年未检验的保护设备。

158. 继电保护有哪些运行状态？

答：《国家电网调度控制管理规程》（国家电网调〔2014〕1405号）和Q/GDW 11024—2013《智能变电站继电保护和安全自动装置运行管理导则》中规定：继电保护运行状态可分为投入、退出两种状态或跳闸、信号和停用三种状态。投入（跳闸）状态是指继电保护功能压板、出口压板（包括跳各断路器的跳闸压板、合闸压板及起动重合闸、起动失灵保护、起动远跳的压板）等按正常方式投入，继电保护正常发挥作用。退出（信号）状态是指继电保护出口压板退出。

查：现场运行规程、典型操作票中的保护状态定义和压板操作内容是否正确。

159. 什么情况下应停用整套微机保护装置？

答：DL/T 587—2016《继电保护和安全自动装置运行管理规程》规定在下列情况下应停用整套保护装置：

（1）装置使用的交流电压、交流电流、开关量输入、输出回路作业。

（2）装置内部作业。

（3）继电保护人员输入定值影响装置运行时。

（4）合并单元、智能终端及过程层网络作业影响装置运行时。

查：所管辖电网保护装置计划停运和非计划停运情况。

160. 微机继电保护在运行中需要切换已固化好的成套定值时有哪些注意事项？

答：DL/T 587—2016《微机继电保护装置运行管理规程》

规定：微机保护在运行中需要切换已固化好的成套定值时，由运行人员按照规定的方法改变定值，此时不必停用微机保护装置，但应立即显示（打印）新定值，并与主管调度核对定值单。

查：结合电网一次系统运行方式的变化，定期编制、修改继电保护运行规程、规定，明确规定保护装置的投、退及定值的切换。

161. 对微机继电保护定值单现场执行后的核对有什么要求？

答：Q/GDW 11069—2013《省级及以上电网继电保护整定计算管理规定》规定：现场定值执行时，运行维护单位继电保护人员应与运维人员详细核对装置定值。现场定值执行完后，运行维护单位运维人员和继电保护人员均应在定值单及回执单上签字，运维人员还应和调控机构值班调度人员核对定值单编号，并在各自定值单上签字、记录定值执行日期和情况。如果定值单采用 OMS 电子流转，则上述人员按照职责分工，核对完毕后，完成电子签名。

查：所管辖电网内微机继电保护定值单的核对是否满足上述要求。

162. 智能变电站的含义是什么？

答：GB/T 30155—2013《智能变电站技术导则》规定：智能变电站指采用可靠、经济、集成、节能、环保的设备与设计，以全站信息数字化、通信平台网络化、信息共享标准化、系统功能集成化、结构设计紧凑化、高压设备智能化和运行状态可视化等为基本要求，能够支持电网实时在线分析和控制决策，进而提高整个电网运行可靠性及经济性的变电站。

查：智能变电站继电保护有关内容的掌握情况。

163. 智能变电站的体系结构包含哪几部分？各部分包含哪些设备？

答：GB/T 30155—2013《智能变电站技术导则》规定：智能变电站的通信网络和系统按逻辑功能划分为过程层、间隔层和站控层。其中，过程层设备包括变压器、高压开关设备、电流/电压互感器等一次设备及其所属的智能组件以及独立的 IED 等。间隔层设备包括继电保护装置、测控装置、安全自动装置、一次设备的主 IED 装置等。站控层设备包括监控主机、综合应用服务器、数据通信网关机等。

查：智能变电站继电保护有关内容的掌握情况。

164. 智能变电站中对继电保护装置的压板有什么规定？保护哪些操作可以远方完成？

答：Q/GDW 11024—2013《智能变电站继电保护和安全自动装置运行管理导则》和 Q/GDW 1161—2014《线路保护及辅助装置标准化设计规范》中规定：智能变电站继电保护装置只设"远方操作"和"保护检修状态"硬压板，其余全部采用软压板，满足远方操作双确认技术要求。软压板，包括 GOOSE 软压板、SV 软压板、保护功能软压板等，运维人员操作时，一般通过远方或当地监控系统完成。除规定的保护投退、切换定值区、复归保护信号等操作外，不允许运维人员在远方或当地监控系统更改继电保护装置的其他参数设置。

查：智能变电站保护压板设置和操作是否满足要求。

165. 什么是保护远方操作"双确认"要求？

答：《继电保护和安全自动装置远方操作技术规范》（调继〔2015〕71号）规定：继电保护和安全自动装置远方操作时，至少应有两个指示发生对应变化，且所有这些确定的指示均已同时发生对应变化，才能确认该设备已操作到位。

查：保护远方操作是否满足"双确认"技术要求。

166. 运维人员对智能变电站保护设备的巡视应包括哪些内容？

答：Q/GDW 11024—2013《智能变电站继电保护和安全自动装置运行管理导则》规定：运维人员应定期对继电保护系统的设备及回路进行巡视，并做好记录。正常巡视以远程巡视和现场巡视相结合。

（1）远程巡视主要包括继电保护运行环境（温度、湿度等）、保护设备告警信息、保护设备通信状态、软压板控制模式、压板状态、定值区号等。

（2）现场巡视主要包括继电保护运行环境、外观、压板及把手状态、时钟、装置显示信息、定值区及定值、装置通信状况、打印机工况等。

（3）现场巡视时，检查智能控制柜、端子箱、汇控柜的温度、湿度、防水、防潮、防尘等性能满足相关标准要求，确保智能控制柜、端子箱、汇控柜内的智能终端、合并单元、继电保护装置等智能电子设备的安全可靠运行。

（4）现场巡视时，定期开展二次回路（特别对电流回路）红外测温，及时消除回路接线松动隐患。

查：现场运行巡视内容和记录是否满足要求。

167. 间隔合并单元异常处理时有哪些注意事项？

答：Q/GDW 11024—2013《智能变电站继电保护和安全自动装置运行管理导则》规定：间隔合并单元异常时，相关联装置出现报警信息。若合并单元双套配置，应退出相应的母线保护、本间隔保护及受其影响不能正常运行的相关智能电子设备，当单套异常时，可不停运相关一次设备；若合并单元单套配置，对应一次设备应停电，并退出母线保护相应间隔。

查：智能变电站现场运行规程和缺陷处理记录是否满足要求。

168. 什么是智能终端？智能终端如何配置？

答：Q/GDW 441—2010《智能变电站继电保护技术规范》规定：智能终端是与一次设备采用电缆连接，与保护、测控等二次设备采用光纤连接，实现对一次设备（如：断路器、隔离开关、主变压器等）测量、控制等功能的一种智能组件。

智能终端应按照以下原则配置：

（1）220kV 及以上电压等级智能终端按断路器双重化配置，每套智能终端包含完整的断路器信息交互功能。

（2）智能终端不设置防跳功能，防跳功能由断路器本体实现。

（3）220kV 及以上电压等级变压器各侧的智能终端均按双重化配置；110kV 变压器各侧智能终端宜按双套配置。

（4）每台变压器、高压并联电抗器配置一套本体智能终端，本体智能终端包含完整的变压器、高压并联电抗器本体信息交互功能，并可提供用于闭锁调压、启动风冷、启动充氮灭火等出口接点。

（5）智能终端采用就地安装方式，放置在智能控制柜中，跳合闸出口回路应设置硬压板。

查：智能变电站智能终端配置是否满足要求。

169. 继电保护标准化设计对保护设备哪些方面进行了规范和统一？

答：Q/GDW 1161—2014《线路保护及辅助装置标准化设计规范》、Q/GDW 1175—2013《变压器、高压并联电抗器和母线保护及辅助装置标准化设计规范》、Q/GDW 10766—2015《10kV～110（66）kV 线路保护及辅助装置标准化设计规范》、Q/GDW 10767—2015《10kV～110（67）kV 元件保护及辅助装置标准化设计规范》规定：继电保护标准化设计对保护及相关设备的输入输出量、压板设置、装置端子（虚端子）、通信接口类型与数量、报告和定值、技术原则、配置原则、组屏（柜）方案、端子排设计、二次回路设计进行了规范，提高了继电保护装置的标准化水平。

Q/GDW 11010—2015《继电保护信息规范》中对动作信息、告警信息、在线监测信息、状态变位、中间节点、日志和时标进行了规范。

查：现场设计、装置是否积极推广执行继电保护标准化设计规范。

170. 标准化设计线路保护有几种重合闸方式？

答：Q/GDW 1161—2014《线路保护及辅助装置标准化设计规范》规定：标准化设计线路保护重合闸方式通过控制字实现，有单相重合闸、三相重合闸、禁止重合闸、停用重合闸四种方式。

查：标准化设计线路保护技术应用和掌握情况。

171. 国网标准化设计线路保护对断路器本体机构有什么要求？

答：Q/GDW 1161—2014《线路保护及辅助装置标准化设计规范》中对断路器本体机构要求如下：

（1）三相不一致保护功能宜由断路器本体机构实现。

（2）断路器防跳功能应由断路器本体机构实现。

（3）断路器跳、合闸压力异常闭锁功能应由断路器本体机构实现，应能提供两组完全独立的压力闭锁触点。

查：与国网标准化设计线路保护配合的断路器本体机构是否具备三相不一致保护和防跳功能，压力闭锁回路是否双重化。

172. 保护直跳回路应满足什么要求？

答：Q/GDW 1161—2014《线路保护及辅助装置标准化设计规范》中对电缆直跳回路的要求如下：

（1）对于可能导致多个断路器同时跳闸的直跳开入，应采取措施防止直跳开入的保护误动作。例如：在开入回路中装设大功率抗干扰继电器，或者采取软件防误措施。

（2）大功率抗干扰继电器的启动功率应大于 5W，动作电压在额定直流电源电压的 55%～70%范围内，额定直流电源电压下动作时间为 10 ms～35 ms，应具有抗 220V 工频电压干扰的能力。

（3）当传输距离较远时，可采用光纤传输跳闸信号。

查：所管辖范围内的直跳回路是否满足相关要求。

173. 220kV～500kV 电网的线路保护振荡闭锁应满足什么要求？

答：GB/T 14285—2006《继电保护和安全自动装置技术规程》、DL/T 587—2016《继电保护和安全自动装置运行管理规程》规定，220kV～500kV 电网的线路保护振荡闭锁应满足以下要求：

（1）系统发生全相和非全相振荡，保护装置不应误动跳闸。

（2）系统在全相或非全相振荡过程中，被保护线路如果发生各种类型的不对称故障，保护装置应有选择性地动作跳闸，纵联保护仍应快速动作。

（3）系统在全相振荡过程中发生三相故障，故障线路的保护装置应可靠动作跳闸，并允许带短延时。

查：所管辖范围内的保护装置，是否满足振荡闭锁的相关要求。

174. 对保护装置所用 $3U_0$ 电压有何要求？

答：GB/T 14285—2006《继电保护和安全自动装置技术规

程》、DL/T 587—2016《继电保护和安全自动装置运行管理规程》规定：技术上无特殊要求及无特殊情况时，保护装置中的零序电流方向元件应采用自产零序电压，不应接入电压互感器的开口三角电压。

查：所管辖范围内新投入的保护装置使用的 $3U_0$ 回路是否符合要求；对于使用开口三角 $3U_0$ 电压的保护，应检查其 $3U_0$ 极性是否正确。

175. 继电保护故障信息管理系统对于故障信息的传送原则是什么？

答：GB/T 14285—2006《继电保护和安全自动装置技术规程》、DL/T 587—2016《继电保护和安全自动装置运行管理规程》规定：

（1）全网的故障信息，必须在时间上同步。在每一事件报告中应标定事件发生的时间。

（2）传送的所有信息，均应采用标准规约。

查：所管辖电网内继电保护故障信息管理系统是否满足上述要求。

176. 对继电器和保护装置的直流工作电压有什么要求？

答：《国家电网公司十八项电网重大反事故措施》（国家电网设备〔2018〕979 号）规定：继电保护使用直流系统在运行中的最低电压不低于额定电压的 85%，最高电压不高于额定电压的 110%。

查：所管辖范围内的继电保护装置是否满足相关要求。

177. 继电保护装置动作行为报告应记录哪些内容？

答： Q/GDW 1161—2014《线路保护及辅助装置标准化设计规范》规定：保护装置应能记录相关保护动作信息，保留 8 次以上最新动作报告。每个动作报告至少应包含故障前 2 个周波、故障后 6 个周波的数据。保护动作行为记录的内容应包括：

（1）保护启动及动作过程中各相关元件动作行为、动作时序和开关量输入、开关量输出的变位情况的记录，故障相电压、电流幅值，故障测距结果等。

（2）故障录波波形和开关量信息。

（3）与本次动作相关的保护定值清单。

（4）启动时压板状态可单独列出。

查： 所管辖范围内的继电保护装置是否满足相关要求。

178. 使用单相重合闸线路的继电保护装置有什么要求？

答： GB/T 14285—2006《继电保护和安全自动装置技术规程》、DL/T 587—2016《继电保护和安全自动装置运行管理规程》规定：使用单相重合闸线路的继电保护装置，应具有在单相跳闸后至重合前的两相运行过程中，健全相再故障时快速动作三相跳闸的保护功能。

重合闸过程中出现的非全相运行状态，如引起本线路或其他线路的保护装置误动作时，应采取措施予以防止。

如电力系统不允许长期非全相运行，为防止断路器一相断开后，由于单相重合闸装置拒绝合闸而造成非全相运行，应具有断开三相的措施，并应保证选择性。

查： 所管辖范围内的继电保护装置是否满足相关要求。

179. 失灵保护动作跳闸应满足什么要求？

答： GB/T 14285—2006《继电保护和安全自动装置技术规程》、DL/T 587—2016《继电保护和安全自动装置运行管理规程》规定：

（1）对具有双跳闸线圈的相邻断路器，应同时动作于两组跳闸回路。

（2）对远方跳对侧断路器的，宜利用两个传输通道传送跳闸命令。

（3）应闭锁重合闸。

查： 所管辖范围内的失灵保护跳闸回路是否满足相关要求。

180. 继电保护装置与厂站自动化系统的配合及接口应满足什么要求？

答： GB/T 14285—2006《继电保护和安全自动装置技术规程》、DL/T 587—2016《继电保护和安全自动装置运行管理规程》规定：应用于厂站自动化系统中的数字式保护装置功能应相对独立，并应具有能与厂站自动化系统通信的数字通信接口，具体要求如下：

（1）数字式保护装置及其出口回路应不依赖于厂、站自动化系统而能独立运行。

（2）数字式保护装置逻辑判断回路所需的各种输入量应直接接入保护装置，不宜经厂、站自动化系统及其通信网转接。

查： 所管辖范围内的保护是否满足相关要求。

181. 继电保护装置投运前带负荷试验有什么要求？

答：《国家电网有限公司十八项电网重大反事故措施（修订版）》（国家电网设备〔2018〕979 号）第 15.4.3 条规定：所有保护用电流回路在投入运行前，除应在负荷电流满足电流互感器精度和测量表计精度的条件下测定变比、极性以及电流和电压回路相位关系正确外，还必须测量各中性线的不平衡电流（或电压），以保证保护装置和二次回路接线的正确性。

查：所管辖范围内的继电保护装置投运时是否进行相关要求试验。

182. 对继电保护的"四性"要求是什么？

答：继电保护装置应满足可靠性、选择性、灵敏性和速动性的要求，即"四性"要求。

查：继电保护装置是否满足"四性"要求。

自动化专业

183. DL/T 516—2017《电力调度自动化系统运行管理规程》要求凡对运行中的自动化系统做重大修改时应履行哪些程序？

答：按照 DL/T 516—2017《电力调度自动化系统运行管理规程》要求，凡对运行中的自动化系统做重大修改，均应经过技术论证，提出书面改进方案，经主管领导批准和相关调控机构确认后方可实施。技术改进后的设备和软件应经过 3～6 个月的试运行，验收合格后方可正式投入运行，同时对相关技术人员进行培训。

查：自动化设备运行维护记录，对重大修改的项目，检查技术方案、验收报告及培训记录。

184. 自动化系统及设备检验措施有哪几种？

答：DL/T 516—2017《电力调度自动化系统运行管理规程》中规定，设备的检验分为新安装设备的验收检验、运行中设备的定期检验和运行中设备的补充检验三种。

查：新安装设备的验收检验、运行中设备的定期检验及运行中设备的补充检验报告。

185. 自动化系统和设备检修管理有几种方式？怎么定义？

答：DL/T 516—2017《电力调度自动化系统运行管理规程》中规定：自动化系统和设备的检修分为计划检修、临时检修和故障抢修。计划检修是指纳入年度计划和月度计划的检修工作；临时检修是指须及时处理的重大设备缺陷和隐患等；故障抢修是指系统和设备发生危急缺陷等须立即进行抢修恢复的工作。

查：对自动化系统和设备检修管理的分类及定义是否清楚。

186. 自动化机房不间断电源系统配置有哪些要求？

答：依据 Q/GDW 11897—2018《调度自动化机房设计与建设规范》，对自动化机房不间断电源系统的要求为：

（1）不间断电源系统（UPS）交流输入应采用两路来自不同变电站的线路电，两路电源电缆应敷设于两条完全独立的电缆沟（竖井）。

（2）应配置市电输入配电柜、UPS 输出配电柜，向主机房、辅助区值班室等场所提供两路供电；配电柜内各级空气开关容量、参数设置应满足级差配合要求，电源故障时不应越级跳闸。

（3）宜采用三进三出的机型，具备在线、离线、旁路等多种工作模式，支持多机并机、自检、状态监视、报警等功能。

（4）容量应满足自动化设备增长的要求，不间断电源系统的基本容量应不小于 1.2 倍的电子信息设备的计算负荷。

（5）单机系统 UPS 的实际负荷率应小于额定输出功率的 35%，多台并机系统实际负荷率应确保任何一台 UPS 故障或维修退出时系统不过载。

（6）每套 UPS 宜配备 1～2 组蓄电池。蓄电池容量按照满负荷工作 2h 后备时间配置，应选用长寿命免维护蓄电池。UPS 的蓄电池应放置在干燥、通风良好的电源室，环境温度保持在 15℃～25℃之间。

（7）根据业务量需求配置综合配电柜和配电列头柜，或者配置滑动母排,应配备防雷保护器、电源监测和报警装置。配电列头柜、滑动母排由综合配电柜统一供电,对各个机柜提供双路 UPS 电源,并预留备用输出回路。

(8)设备机柜内供电模块可采用智能 PDU,各输出端口具备独立的隔离保护功能,可解列单台设备的电源故障,同时实时监测设备负荷及柜内多点温、湿度。

(9)机柜内应具有 2 路 PDU,分别由 2 路 UPS 电源供电,PDU 不应串接或并接,机柜两路 PDU 可用颜色区分。如柜内有重要设备是单路电源,应配置带 STS(静态自动切换)功能的 PDU,对其进行可靠供电。

(10)机房内 UPS 用电负荷应均匀地分配在三相上,三相负荷不平衡度小于 30%。

查:自动化机房不间断电源系统配置是否符合 Q/GDW 11897—2018《调度自动化机房设计与建设规范》的相关规定。

187. DL/T 516—2017《电力调度自动化系统运行管理规程》中要求在主站进行系统运行维护时应注意什么?

答:按照 DL/T 516—2017《电力调度自动化系统运行管理规程》要求,主站在进行系统运行维护时,如可能影响电网调度或设备监控业务时,自动化值班人员应提前通知值班调度员或监控员,获得准许后方可进行;如可能影响向相关调控机构传送自动化信息时,应提前通知相关调控机构自动化值班人员;如可能影响上级调度自动化信息时,须获得上级自动化值班人员准许后方可进行。对于影响较大的工作,应提前办理有关工作申请。

查：检修票及自动化运行维护记录，是否按照《电力调度自动化系统运行管理规程》要求执行。

188. 智能电网调度控制系统总体框架包括哪些具体内容？

答：GB/T 33607—2017《智能电网控制系统总体框架》中规定：智能电网调度控制系统由基础平台和实时监控与预警、调度计划类与安全校核、调度管理、电网运行驾驶舱四类应用组成。

查：智能电网调度控制系统的建设应当符合国调有关标准的要求，为调度、监控、调度计划、系统运行、继电保护等专业提供综合、全面的信息。

189. 对远程浏览的具体要求有哪些？

答：依据 Q/GDW 10678—2018《智能变电站一体化监控系统技术规范》），远程浏览应满足如下要求：

（1）数据通信网关机应为调度（调控）中心提供远程浏览和调阅服务。

（2）远程浏览只允许浏览，不允许操作。

（3）远程浏览内容包括一次接线图、电网实时运行数据、设备状态等。

（4）远程调阅内容包括历史记录、操作记录、故障综合分析结果等信息。

查：一体化监控系统远程浏览是否满足 Q/GDW 10678—2018《智能变电站一体化监控系统技术规范》的要求。

190. 应用系统接入调度数据网时，应遵循哪些原则？

答：应遵循以下原则：

（1）对于有高可靠性要求的应用系统，接入模式应满足 $N-1$ 原则。

（2）应用系统应按照安全分区原则接入调度数据网的相应 VPN，控制区业务接入实时 VPN，非控制区业务接入非实时 VPN。应用系统采取的安全措施应符合国家电力监管委员会第 5 号令的相关规定。

（3）地调及以上调度机构的应用系统应接入至骨干网，接入方式应满足业务对可靠性的要求。

（4）厂站端的应用系统应接入至接入网，接入方式应注重简洁性和易维护性。

（5）对于省级及以上控制区业务，调度主站与直调厂站间接入模式应支持至少 2 条不同路由应用链路同时在线运行。

（6）备调应用接入模式宜参照主调接入模式执行，也可根据实际情况适当简化。

查：省地调及所辖变电站，各级水火电厂、新能源厂站是否遵循该原则接入。

191. 调度数据网运维如何划分，网络维护包括哪些方面？

答：调度数据网实行分层维护和运行工况监视，骨干网核心区运行工况由国调中心和各分中心负责，骨干网子区运行工况由各省调负责，各级接入网运行工况由相应调度机构负责。网络维护包括网络拓扑、路由策略、运行参数维护、电路调整、工况监控等工作。调度机构和厂站设备运行维护部门应建立设备运行日志和设备缺陷、异常处理记录，定期备份网络设备配置和参数，设备配置变更后应立即进行备份。

查：各级调度数据网的网络维护是否包含以上方面，调度机构和厂站设备运行维护部门是否建立相关日志、记录及数据备份。

192. 调度数据网地址编码是如何规划的？

答：调度数据网地址编码应统筹规划，各级调度机构负责各自管辖范围内地址编码的分配、使用和调整等管理工作。骨干网核心区地址编码由国调中心和各分中心分配，骨干网子区地址编码由各省调分配；各级接入网地址编码由相应调度机构分配，经上级调度机构审批后方可实施。

查：各级调度数据网地址规划是否符合该规定。

193.《国家电网公司省级以上备用调度运行管理工作规定》中备调工作模式有哪些？

答：《国家电网公司省级以上备用调度运行管理工作规定》[国网（调/4）340—2014]中规定的备调工作模式有以下 3 种：

（1）正常工作模式。指主调和备调正常履行各自的调控职能，主调行使电网调控指挥权，备调值班设施正常运行，备调通信自动化等技术支持系统处于实时运行状态，为主调提供容灾备用。

（2）应急工作模式。指因突发事件，主调无法正常履行调控职能，按照备调启用条件、程序和指令，主调人员在备调行使电网调控指挥权。

（3）过渡期工作模式。指在主调因外力原因，临时不能完全或部分履行电网调控职能，在主调人员赶赴备调的过渡时期，由备调值班人员暂时接管电网调控部分或全部业务。

查：月度、季度、年度演练实施情况；备调实施专业评估和总体评估报告；备调配置的技术及管理资料。

194. 对电网调度控制系统的远方操作基本功能要求是什么？

答：Q/GDW 11354—2017《调度控制远方操作技术规范》中规定，电网调度控制系统对遥控操作基本功能的技术要求为：

（1）支持断路器和隔离开关的分合、变压器有载调压分接头的调节、无功补偿装置的投/退和调节。

（2）支持预置返校、直接控制的操作模式。

（3）支持单设备控制、序列控制、群控、程序化操作等功能。

（4）支持断路器强制控制、同期控制等同期模式的选择。

（5）支持以遥控的方式进行变电站继电保护及安全自动装置的功能软压板投/退。

（6）支持以遥调设点的方式进行变电站继电保护及安全自动装置的定值区切换操作。

（7）支持召唤、存储继电保护及安全自动装置各定值区的保护定值。

（8）具备间隔图控制操作功能，对变电站间隔的一、二次设备的远方操作应在调控间隔图中进行。在厂站一次接线图、电网潮流图等非间隔图上应闭锁遥控操作；间隔图应清断显示断路器、隔离开关及二次设备遥测和遥信信息，为一、二次设备位置状态的判断提供全面、准确的判据。

（9）具备对置位设备进行远方操作的功能。

查：所应用的调度控制系统的远方操作基本功能是否满足相关要求。

195. 对电网调度控制系统远方操作有哪些安全要求？

答：依据 Q/GDW 11354—2017《调度控制远方操作技术规范》，调度系统远方操作应满足如下要求：

（1）具备远方操作监护功能，实现双人双机监护，紧急情况下支持具备权限的人员解锁后实现单人操作功能。

（2）支持操作监护过程中用户身份、站名、间隔名和设备双重名等多重确认，支持设备调度命名编号人工输入。

（3）支持通过设备或间隔挂牌闭锁远方操作功能。

（4）宜具备受控设备的遥控操作票校验功能，可通过遥控操作票与遥控设备的自动定位关联，实现对遥控人工选择设备的校验。

（5）具备开关远方遥控闭锁功能，当未进行遥控操作时，除允许自动控制的无功调节设备外，调控主站监控系统中所有设备的遥控功能均应闭锁。

（6）遥控操作时应进行遥控防误校核，校核通过后方能执行操作。

（7）具备远方操作记录保存、分类查询及审计功能，操作记录包括操作员/监护员姓名、操作对象、操作内容、操作时间、操作结果、闭锁原因等。

（8）具备控制命令传输的安全认证机制。

查：电网调度系统远方操作是否满足 Q/GDW 11354—2017《调度控制远方操作技术规范》要求。

196. 自动化管理部门和子站运行维护部门应制定的自动化系统运行管理制度包括哪些内容？

答：按照 DL/T 516—2017《电力调度自动化系统运行管理规程》要求，自动化管理部门和子站运行维护部门应制定相应的自动化系统运行管理制度，内容应包括运行值班和交接班、机房管理、设备和功能停复役、缺陷处理、系统及设备检修、安全管理、网络安全防护、厂站接入等。

查：是否具备运行值班和交接班、机房管理、设备和功能投运和退役管理、缺陷管理、检修管理、安全管理、网络安全防护管理、新设备移交运行管理制度等，制度是否全面严谨。

197. 在选购自动化设备时，DL/T 516—2017《电力调度自动化系统运行管理规程》对质量检测合格证有何要求？

答：DL/T 516—2017《电力调度自动化系统运行管理规程》中规定：在选购厂站监控系统、RTU、电能量远方终端、各类电工测量变送器、交流采样测控装置、PMU、监控系统安全防护设备、时间同步装置等自动化设备时，应取得具有国家资质的电力设备检测部门颁发的质量检测合格证后方可使用。

查：现场远动设备、电能量远方终端、各类电工测量变送器、交流采样测控装置、PMU、监控系统安全防护设备、时间同步装置等是否取得具有国家资质的电力检测部门颁发的质量检测合格证。

198. Q/GDW 1140—2014《交流采样测量装置运行检验规程》中规定的交流采样测量装置运行检验要求是什么？

答：Q/GDW 1140—2014《交流采样测量装置运行检验规程》中规定的交流采样测量装置运行检验要求管理如下：

（1）投入运行的交流采样测量装置，应纳入电测技术监督范围，明确专责维护人员，建立相应的运行维护记录。

（2）运行中的交流采样测量装置参数的变更，按有关规程规定，应征得对其有调度管辖权的调控机构同意，并通知相关调度。

查：交流采样测量装置的管理规程规定。查调控机构所管辖范围内交流采样测量装置参数变更的流程记录。检验报告和记录是否在调控机构备案。

199. Q/GDW 1140—2014《交流采样测量装置运行检验规程》中规定的投运交流采样测量装置应包括哪些资料？

答：Q/GDW 1140—2014《交流采样测量装置运行检验规程》中规定的投运装置应具备如下资料：

（1）出厂检验报告、出厂整定参数、使用手册、采样校准方法等。

（2）竣工安装图、电缆清册和安装调试报告、与现场相符的安装接线图和二次回路接线图等。

（3）历次检验报告、变更记录。

（4）运行维护记录，主要包括停用、投入、故障、检查、缺陷处理、运行情况分析记录、维护人员及环境条件等。

（5）交流采样测量装置的周期检验计划等。

查：运行维护机构所负责维护范围内交流采样测量装置的资料是否齐全。

200. 顺序控制中对操作对象设备的要求是什么？

答：依据 Q/GDW 11153—2014《智能变电站顺序控制技术导则》，顺序控制中对操作对象设备有如下要求：

（1）实现顺序控制操作的断路器、隔离开关、接地开关应具备遥控操作功能，其位置信号的采集采用双辅助接点信号。

（2）实现顺序控制操作的变电站设备应具备完善的防误闭锁功能。

（3）实现顺序控制操作的变电站保护设备应具备远方投退软压板及远方修改定值区功能。

（4）实现顺序控制操作的封闭式电气设备（无法进行直接验电），其线路出口应安装运行稳定可靠的带电显示装置，反映线路带电情况并具备相关遥信功能。

（5）实现顺序控制操作的变电站母联断路器操作电源应具备遥控操作功能。

查：实际应用中的操作对象设备是否满足 Q/GDW 11153—2014《智能变电站顺序控制技术导则》的相关规定。

201. 变电站测控装置按照应用分为几类？应具备哪些功能？

答：依据 Q/GDW 10427—2017《变电站测控装置技术规范》，测控装置根据交流电气量采样、开关量采集和控制出口方式的不同，可分为数字测控装置和模拟测控装置。变电站测控装置支持模拟量采样、数字量采样、模型导入和导出，具备交流电气量采集、开关量采集、控制输出、防误闭锁、设备状态监测等功能的 IED 装置应具备以下功能：① 交流电气量采集功能；② 状态量采集功能；③ GOOSE 模拟量采集功能；④ 控制功能；⑤ 同期功能；⑥ 防误逻辑闭锁功能；⑦ 记录存储功能；⑧ 通信功能；⑨ 对时功能；⑩ 运行状态监测管理功能。

查：变电站测控装置是否满足 Q/GDW 10427—2017《变电站测控装置技术规范》的要求。

202. 告警直传的厂站功能要求有哪些？

答：依据 Q/GDW 11207—2014《电力系统告警直传技术规范》，告警直传的厂站功能有：

（1）厂站监控系统将本地告警信息转换为带站名和设备名的标准告警信息，传给主站。

（2）厂站监控系统要按照告警级别做好现有告警事件的分类整理，对告警信息进行合理分类和优化，确保上送主站告警信息总量在合理范围之内，能够按照主站要求定制告警信息上送。

（3）厂站告警直传支持同时上送多个主站。

（4）链路中断后恢复，能够补传链路中断期间规定时间内的告警信息，事故类和异常类告警信息优先补送。

（5）厂站告警网络因故障无法正常上送告警信息时应主动断开与主站连接且不再响应主站重连请求，待故障恢复后，重新响应主站，建立连接。

查：厂站内告警直传是否满足 Q/GDW 11207—2014《电力系统告警直传技术规范》的技术要求。

203. 变电站调控数据交互有哪些原则及要求？

答：依据 Q/GDW 11021—2013《变电站调控数据交互规范》，变电站调控交互数据包含调度监控实时数据、告警直传信息、远程浏览信息。变电站调控数据交互应遵循"告警直传，远程浏览，数据优化，认证安全"的技术原则，主要要求如下：

（1）变电站调度监控实时数据应分类、优化后上传，并满足准确性、可靠性、实时性要求。

（2）变电站监控系统应对站内各类信息进行综合分析，自动生成告警信息，并上传至调控中心。

（3）变电站应提供标准格式的图形文件和实时数据，满足远端用户浏览访问的要求。

（4）变电站应具有对调控中心发送的远程操作指令进行安全认证的功能。

查：变电站调控交互数据是否满足 Q/GDW 11021—2013《变电站调控数据交互规范》的要求。

204. 对智能变电站一体化监控系统防误闭锁的具体要求有哪些？

答：依据 Q/GDW 10678—2018《智能变电站一体化监控系统技术规范》，防误闭锁功能应满足如下要求：

（1）防误闭锁分为三个层次，站控层闭锁、间隔层联闭锁和机构电气闭锁。

（2）站控层闭锁宜由监控主机实现，操作应经过防误逻辑检查后方能将控制命令发至间隔层，如发现错误应闭锁该操作。

（3）间隔层联闭锁宜由测控装置实现，间隔间闭锁信息宜通过 GOOSE 方式传输。

（4）机构电气闭锁实现设备本间隔内的防误闭锁，不设置跨间隔电气闭锁回路。

（5）站控层闭锁、间隔层联闭锁和机构电气闭锁属于串联关系，站控层闭锁失效时不影响间隔层联闭锁，站控层和间隔层联闭锁均失效时不影响机构电气闭锁。

查：一体化监控系统防误闭锁是否满足 Q/GDW 10678—2018《智能变电站一体化监控系统技术规范》的要求。

205. 智能变电站一体化监控系统的系统及网络结构是怎样的？

答：依据 Q/GDW 10678—2018《智能变电站一体化监控系统技术规范》，智能变电站一体化监控系统由站控层、间隔层、过程层设备构成。各层设备主要包括：

（1）站控层设备：监控主机、操作员站、工程师工作站、防误主机、数据通信网关机、综合应用服务器、防火墙、正向隔离装置、网络安全监测装置等。

（2）间隔层设备：测控装置、PMU 装置、网络报文记录与分析装置等。

（3）过程层设备：合并单元、智能终端等。

变电站网络在物理上由站控层网络和过程层网络组成。

（1）站控层网络：间隔层设备和站控层设备之间的网

络，实现站控层设备之间、站控层与间隔层设备之间以及间隔层设备之间的通信。

（2）过程层网络：间隔层设备和过程层设备之间的网络，实现间隔层设备与过程层设备之间的数据传输。

查：一体化监控系统是否符合 Q/GDW 10678—2018《智能变电站一体化监控系统技术规范》的要求。

206. 对智能变电站一体化监控系统遥控操作的安全要求有哪些？

答：依据 Q/GDW 10678—2018《智能变电站一体化监控系统技术规范》，单设备遥控操作应满足以下安全要求：

（1）操作必须在具有控制权限的工作站上进行。

（2）操作员必须有相应的操作权限。

（3）双席操作校验时，监护员需确认。

（4）操作时每一步应有提示。

（5）所有操作都有记录，包括操作人员姓名、操作对象、操作内容、操作时间、操作结果等，可供调阅和打印。

查：遥控操作是否满足 Q/GDW 10678—2018《智能变电站一体化监控系统技术规范》的相关规定。

207. 变电站监控系统现场验收的必备条件有哪些？

答：依据 Q/GDW 1214—2014《变电站计算机监控系统现场验收管理规程》，变电站监控系统现场验收的必备条件有：

（1）验收工作组已组建。

（2）SAT 大纲已审定。

（3）工程项目所需的设计图纸（现场二次接线及二次设

备分布图)、现场安装图纸已完成并经双方确认。

（4）监控系统和接入监控系统的所有设备已完成工厂验收并在现场安装调试完毕（包括在 FAT 时未接入的设备与子系统），信息表配置完成。调试单位完成自验收工作，并提供自验收报告。

（5）测试所需的仪器设备和工具等已准备就绪，其技术性能指标应符合相关规程的规定，其中的计量仪器应经电力行业认可的有资格的计量部门或法定授权的单位检定/校准合格，并在有效期之内。

（6）变电站到相关调度端的通信通道已开通并满足有关技术要求；或采用模拟主站的方式，与相关调度端的信息调试已完成，并达到调度端的要求。

查：变电站监控系统现场验收是否符合 Q/GDW 1214—2014《变电站计算机监控系统现场验收管理规程》的相关规定。

208. 防止监控系统故障导致变电站全停的运行管理有哪些具体要求？

答：《国家电网公司关于印发防止变电站全停十六项措施（试行）》[国家电网运检（2015）376 号] 规定：

（1）调度主站及变电站监控系统的遥控操作必须通过实际传动试验验证无误才能投入使用，防止误控断路器、隔离开关。

（2）应严格管控监控信息点表变更，规范监控信息点表管理，确保调度主站端和变电站端监控信息点表准确无误，防止信息错误。

（3）调控主站端对变电站的操作必须采用调度数字证书，规范权限管理及安全审计，加强用户名和密码管理，确保远方操作监护到位。

（4）变电站应加强自动化设备电源安全管理，防止自动化设备停电造成一次设备失去监控。

查：是否落实《国家电网公司关于印发防止变电站全停十六项措施（试行）》[国家电网运检（2015）376号文件]中的要求。

209. 对智能变电站一体化监控系统站控层网络有哪些要求？

答：依据 Q/GDW 10678—2018《智能变电站一体化监控系统技术规范》，对智能变电站一体化监控系统站控层网络的要求为：

（1）站控层网络应采用星形结构，110kV 及以上智能变电站应采用双网。

（2）站控层网络采用100Mbit/s 或更高速度的工业以太网。

（3）站控层交换机连接数据通信网关机、监控主机、综合应用服务器等设备以及间隔内的保护、测控和其他智能电子设备。

（4）站控层网络应部署符合安全规范要求的网络安全设备。

查：智能变电站一体化监控系统站控层网络是否符合 Q/GDW 10678—2018《智能变电站一体化监控系统技术规范》的相关规定。

210. 对智能变电站一体化监控系统过程层网络有哪些要求？

答：依据 Q/GDW 10678—2018《智能变电站一体化监控系统技术规范》，智能变电站一体化监控系统过程层网络包括 GOOSE 网和 SV 网。

（1）GOOSE 网：采用 100Mbit/s 或更高速度的工业以太网；用于间隔层和过程层设备之间的数据交换；按电压等级配置，采用星形结构；220kV 以上电压等级应采用双网；保护装置与本间隔的智能终端设备之间采用点对点通信方式。

（2）SV 网：采用 100Mbit/s 或更高速度的工业以太网；用于间隔层和过程层设备之间的采样值传输；按电压等级配置，采用星形结构；保护装置以点对点方式接入 SV 数据。

查：智能变电站一体化监控系统过程层网络是否符合 Q/GDW 10678—2018《智能变电站一体化监控系统技术规范》的相关规定。

211. 对厂站自动化设备供电电源有哪些要求？

答：厂站远动装置、计算机监控系统及其测控单元等自动化设备应采用冗余配置的 UPS 或站内直流电源供电。具备双电源模块的设备，应由不同电源供电。

查：厂站自动化设备供电电源是否满足要求，双电源模块是否由不同电源供电。

网络安全专业

212. 电力行业网络与信息安全工作的目标是什么？

答：《电力行业网络与信息安全管理办法》第二条规定：建立健全网络与信息安全保障体系和工作责任体系，提高网络与信息安全防护能力，保障网络与信息安全，促进信息化工作健康发展。

查：检查电力行业信息安全工作的了解情况。

213. 什么是电力监控系统？电力监控系统安全防护的主要原则是什么？

答：《电力监控系统安全防护规定》（国家发展改革委2014年第14号令）中规定：电力监控系统是指用于监视和控制电力生产及供应过程的、基于计算机及网络技术的业务系统及智能设备，以及作为基础支撑的通信及数据网络等。电力监控系统安全防护的主要原则是"安全分区、网络专用、横向隔离、纵向认证"。

查：电力监控系统安全防护方案及实施情况。

214. 电力监控系统安全分区是怎么划分的？分区的原则是什么？

答：《电力监控系统安全防护规定》（国家发展改革委2014年第14号令）中规定：发电企业、电网企业内部基于计算机和网络技术的业务系统，应当划分为生产控制大区和管理信息大区。生产控制大区可以分为控制区（安全区Ⅰ）和非控制区（安全区Ⅱ）；管理信息大区分为安全Ⅲ区和安全Ⅳ区。在纵向上应当避免不同安全区的交叉联接。《电力监控系统安全防护总体方案》（国能安全 2015 年第 36 号文）中规定：分区的原则是根据业务实时性、使用者、功能、场所、业务关系、通信方式以及影响程度等将业务系统或其功能模块置于相应的安全区。

（1）实时控制系统、有实时控制功能的业务模块以及未来有实时控制功能的业务系统应当置于控制区。

（2）应当尽可能将业务系统完整置于一个安全区内。可以将其功能模块分置于相应的安全区中，经过安全区之间的安全隔离设施进行通信。

（3）不允许把应当属于高安全等级区域的业务系统或其功能模块迁移到低安全等级区域，但允许把属于低安全等级区域的业务系统或某功能模块放置于高安全等级区域。

（4）对不存在外部网络联系的孤立业务系统，其安全分区无特殊要求，但需遵守所在安全区的防护要求。

（5）对小型县调、配调、小型电厂和变电站的电力监控系统，可以根据具体情况不设非控制区，重点防护控制区。

（6）对于新一代电网调度控制系统，其实时监控与预警功能模块应当置于控制区，调度计划和安全校核功能模块应当置于非控制区，调度管理功能模块应当置于管理信息大区。

查：电力监控系统中安全分区划分情况及业务系统的分置情况。

215. 电力专用横向单向安全隔离装置的分类、作用是怎样的？如何部署？

答：《电力监控系统安全防护总体方案（36 号文）》附件1　电力监控系统安全防护总体方案规定：按照数据通信方

向电力专用横向单向安全隔离装置分为正向型和反向型。正向安全隔离装置用于生产控制大区到管理信息大区的非网络方式的单向数据传输。反向安全隔离装置用于从管理信息大区到生产控制大区的非网络方式的单向数据传输，是管理信息大区到生产控制大区的唯一数据传输途径。反向安全隔离装置集中接收管理信息大区发向生产控制大区的数据，进行签名验证、内容过滤、有效性检查等处理后，转发给生产控制大区内部的接收程序。专用横向单向隔离装置应该满足实时性、可靠性和传输流量等方面的要求。《电力监控系统安全防护规定》（国家发展改革委 2014 年第 14 号令）中规定：

在生产控制大区与管理信息大区之间必须设置经国家指定部门检测认证的电力专用横向单向安全隔离装置。

生产控制大区内部的安全区之间应当采用具有访问控制功能的设备、防火墙或者相当功能的设施，实现逻辑隔离。

安全接入区与生产控制大区中其他部分的连接处必须设置经国家指定部门检测认证的电力专用横向单向安全隔离装置。

查：电力专用防护设备的熟悉情况。

216. 纵向加密认证装置及加密认证网关的作用是什么？

答：《电力监控系统安全防护总体方案》（国能安全 2015 年第 36 号文）指出：纵向加密认证装置及加密认证网关是生产控制大区的广域网边界防护。纵向加密认证装置为广域网通信提供认证与加密功能，实现数据传输的机密性、完整性保护，同时具有安全过滤功能。加密认证网关除具有加密认证装置的全部功能外，还应实现对电力系统数据通信应用层协议及报文的处理功能。

查：纵向加密认证装置及加密认证网关的使用情况。

217. 电力监控系统网络安全管理平台应用功能有哪五类？

答：《电力监控系统网络安全管理平台应用功能规范（试行）》中规定：电力监控系统网络安全管理平台应用功能包括安全监视、安全告警、安全分析、安全审计、安全核查等五类。

查：现场逐项检查平台应用功能是否符合规范要求。

218. 电力监控系统的危险源有哪些？

答：（1）人员违规类：外部设备违规接入、系统违规外联、人员恶意操作等。

（2）外部入侵类：病毒传播、黑客入侵、敌对势力集团式攻击等。

（3）软硬件缺陷类：主机、网络、安防设备等硬件存在缺陷或发生故障，操作系统、数据库、应用系统等软件存在缺陷或发生异常。

（4）基础设施故障类：机房电源、空调等基础设施发生故障。

（5）自然灾害类：地震、火灾、洪灾等自然灾害。

查：现场对电力监控系统的危险源的了解情况。

219. 电力信息系统的安全保护等级分为几级？

答：《电力行业信息安全等级保护管理办法》（国能安全〔2014〕318 号）中规定，电力信息系统的安全保护等级分为4 级。

第一级，信息系统受到破坏后，会对公民、法人和其他组织的合法权益造成损害，但不损害国家安全、社会秩序和公共利益。

第二级，信息系统受到破坏后，会对公民、法人和其他组织的合法权益产生严重损害，或者对社会秩序和公共利益造成损害，但不损害国家安全。

第三级，信息系统受到破坏后，会对社会秩序和公共利益造成严重损害，或者对国家安全造成损害。

第四级，信息系统受到破坏后，会对社会秩序和公共利益造成特别严重损害，或者对国家安全造成严重损害。

查：电力信息系统是否按期进行了等级保护测评和安全风险评估。

220. 如何规范开展电力监控系统等级保护测评工作？

答：根据《国家电网公司电力监控系统等级保护及安全评估工作规范（试行）》（调网安 2018 年 10 号文）要求：电力监控系统建设完成后，电力监控系统各运营单位应依据国家及行业相关标准规范要求，按照规定的周期委托有资质的测评机构开展电力监控系统等级保护测评工作。当系统发生重大升级、等级变化、系统变更或迁移后需重新进行测评。

电力监控系统运营单位应当定期对电力监控系统安全状况、安全保护制度及措施的落实情况进行自查。第二级电力监控系统应当每两年至少进行一次自查，第三级电力监控系统应当每年至少进行一次自查，第四级电力监控系统应当每半年至少进行一次自查。

查：电力监控系统等级保护开展情况。

221. 公司所属各单位电力监控系统组织安全防护评估方式和周期如何规定？

答：《国家电网公司电力监控系统等级保护及安全评估工作规范（试行）》（调网安〔2018〕10 号）中规定：对于第三、第四级电力监控系统，应结合等级保护测评工作委托测评机构同步开展安全防护评估，评估周期最长不超过 3 年。单个评估周期内，电力监控系统运营单位应每年组织开展一次自评估工作。对于第二级电力监控系统，应定期开展安全评估工作。评估方式一般采用自评估，评估周期最长不超过 2 年，也可根据需要委托专业机构进行评估。第三、第四级电力监控系统投运前或发生重大变更时，应由其建设或技改实施单位负责组织开展上线评估工作，具体实施可委托专业评估机构进行；第二级电力监控系统上线安全评估可按要求自行组织开展。

查：等保测评或安全防护评估服务合同及评估报告。

222. 公司所属各单位电力监控系统组织等保测评时，应如何选择测评机构？

答：《国家电网公司电力监控系统等级保护及安全评估工作规范（试行）》（调网安〔2018〕10 号）中规定：对于第三级系统，应优先选择电力行业等级保护测评机构或具备 3

年以上电力监控系统安全服务经验的测评机构开展测评；对于第四级系统，应选择电力行业等级保护测评机构且具备 5 年以上电力监控系统安全服务经验的测评机构开展测评。

查：等保测评服务合同及测评报告。

223. 电力监控系统主机加固的方式有哪些？

答：主机加固方式包括安全配置、安全补丁、采用专用软件强化操作系统访问控制能力及配置安全的应用程序。

查：检查电力监控系统主机加固情况。

224. 电力监控系统网络安全事件如何分级？

答：《国家电网有限公司电力监控系统网络安全事件应急预案》中规定：根据电力监控系统网络安全事件的危害程度和影响范围，将电力监控系统网络安全事件分为特别重大、重大、较大、一般四级。

查：电力监控系统网络安全事件应急响应预案及应急演练记录。

225.《国家电网公司电力监控系统网络安全运行管理规定（试行）》中对网络安全事件处置及报告要求有哪些？

答：对网络安全事件处置及报告要求如下：

（1）运行值班人员发现网络安全事件，应采取紧急防护措施，防止事件扩大，并立即向相应运行管理部门报告。

（2）运行管理部门应判断网络安全事件级别，启动相应应急处置流程，组织相关单位开展应急处置，并报送至调控中心，调控中心根据事件级别按要求逐级上报。

（3）网络安全事件处置过程中，相关部门应每日按要求报告事件处置进展；处置完毕后，及时报告处置结果，并于处置完毕后1日内报送网络安全事件分析报告。

（4）发生重大及以上网络安全事件并有可能遭受监管处罚的，相关部门应将事件处置结果抄告合规管理部门知悉。

查：《国家电网公司电力监控系统网络安全运行管理规定（试行）》中对网络安全事件处置及报告要求。

226. 建设单位在电力监控系统投运前应做好哪些工作？

答：依据《国家电网有限公司电力监控系统网络安全管理规定》，电力监控系统投运前，应由建设管理部门委托专业测评机构开展上线等保测评及安全评估工作，测评合格并经验收通过后方可投入运行。

查：现场检查由专业测评机构出具的等保测评及安全评估报告、由建设管理部门出具的验收意见。

227. 并网电厂安全防护实施方案重点审查的内容有哪些？

答：《并网电厂电力监控系统涉网安全防护技术监督工作规定（试行）》（调网安〔2019〕11号）中规定，电力调控机构应重点审查：

（1）查网络拓扑，包括电厂与调度机构、远程运维机构、其他行业以及内部不同安全区之间的网络连接和安全防护措施。

（2）查系统本体，审查电力监控系统涉网部分的主机、网络、安全设备，禁止选用经认定存在漏洞和风险的系统，应采用升级补丁，关闭不必要的服务和端口以及启用安全策略等防护措施。

（3）查安全监测，应部署安全监测装置，审查主机、网络、安全设备及数据库的接入情况，审查本地监视功能。

（4）查安全管理，审查管理制度建设情况，包括职责分工、资产管理、值班巡视、日常运维、应急响应以及风险管控等方面内容。

查：并网电厂安全防护实施方案。

228. 调控机构在并网电厂投运前组织涉网安全防护现场验收工作时，应重点检查哪些内容？

答：《并网电厂电力监控系统涉网安全防护技术监督工作规定（试行）》（调网安〔2019〕11号）中规定，电力调控机构应重点检查：

（1）并网电厂电力监控系统涉网部分边界防护措施落实、安全防护设备部署及策略配置情况。

（2）并网电厂电力监控系统涉网部分设备选型以及软硬件安全防护情况。

（3）并网电厂电力监控系统涉网部分网络安全监测装置的部署以及信息采集覆盖情况。

（4）并网电厂电力监控系统涉网部分管理制度落实情况。

查：验收问题清单及整改报告。

229. 新能源场站电力监控系统接入汇聚站、集控中心时有何要求？

答：《并网新能源场站电力监控系统涉网安全防护补充

方案》（调网安〔2018〕10号）中规定：汇聚站至各个场站，集控中心至各个场站，应部署电力专用纵向加密认证装置或加密认证网关。安全设备配置策略必须现场验证确认。安全防护实施方案必须经调控机构审核。集控中心与站端监控系统的数据传输通道应与其他数据网物理隔离，应采用不同通道、不同光波长、不同纤芯等方式。

查：安全防护实施方案、拓扑图和现场网络连接。

230. 新能源场站电力监控系统户外就地采集终端防护有何要求？

答：《并网新能源场站电力监控系统涉网安全防护补充方案》（调网安〔2018〕10号）中规定：新能源场站须加强户外就地采集终端（如风机控制终端、光伏发电单元测控终端等）的物理防护，强化就地采集终端的通信安全。站控系统与终端之间网络通信应部署加密认证装置，实现身份认证、数据加密、访问控制等安全措施。终端连接的网络设备需采取IP/MAC地址绑定等措施，禁止外部设备的接入，防止单一风机或光伏发电单元的安全风险扩散到站控系统。生产控制大区严禁任何具有无线通信功能设备的直接接入。站控系统与就地终端的连接使用无线通信网或者基于外部公用数据网的虚拟专用网路（VPN）等的，应当设立安全接入区。安全接入区与生产控制大区连接处应部署电力专用单向隔离装置，实现内外部的有效隔离。

查：安全防护实施方案、拓扑图和现场网络连接。

231.《电力监控系统安全防护规定》（国家发改委第 14号令）中电力监控系统具体包括哪些系统？

答：《电力监控系统安全防护规定》（国家发展改革委2014 年第 14 号令）中规定：电力监控系统具体包括电力数据采集与监控系统、能量管理系统、变电站自动化系统、换流站计算机监控系统、发电厂计算机监控系统、配电自动化系统、微机继电保护和安全自动装置、广域相量测量系统、负荷控制系统、水调自动化系统和水电梯级调度自动化系统、电能量计量系统、实时电力市场的辅助控制系统、电力调度数据网络等。

查：电力监控系统中包含哪些内容。

232. 运维单位应做好哪些日常运维工作？

答：依据《国家电网有限公司电力监控系统网络安全管理规定》，运维单位应做好以下日常运维工作：① 日常巡视，做好记录；② 策略变更，履行流程；③ 发现异常，及时处置；④ 安全加固，漏洞修复。

查：现场检查巡检记录、故障处理记录、安全加固及漏洞修复记录。

233. 对电力监控系统网络安全管理平台的安全要求有哪些？

答：《国调中心关于印发〈电力监控系统网络安全管理平台基础支撑功能规范（试行）〉等 2 项规范的通知》（调网安〔2017〕150 号）中规定：平台主机应采用安全操作系统并经安全加固；系统权限三权分立；软件非 root 运行；数据

纵向加密。

查：现场检查由相关检测机构出具的平台安全性检测报告。

234. 电力监控系统废弃阶段安全评估内容包括哪些方面？

答：电力监控系统的废弃阶段可以分为部分废弃和全部废弃。废弃阶段安全评估包括：

（1）系统软、硬件等资产及残留信息的废弃处置。

（2）废弃部分与其他系统（或部分）的物理或逻辑连接情况。

（3）在系统变更时发生废弃，还应当对变更的部分进行评估。

本阶段应当重点分析废弃资产对组织的影响，对由于系统废弃可能带来的新的威胁进行分析。

查：电力监控系统废弃阶段的处置情况。

九

电力通信专业

235. 国家电网公司通信运行风险预警怎样分级？

答：《国网信通部关于印发信息通信调度同质化管理四个规范的通知》（信通运行〔2017〕75号）规定：按照"分级预警、分层管控"原则，规范各级风险预警发布。通信运行风险预警分为五级～八级，五级为最高级别。将可能引发《国家电网有限公司安全事故调查规程》规定的五级～八级电网、设备事件，对应的通信运行风险，定义为五级～八级通信运行风险。

查：各单位风险预警单中的风险预警定级是否合理。

236. 省（市）公司通信系统运行风险预警发布条件是什么？

答：《国网信通部关于印发信息通信调度同质化管理四个规范的通知》（信通运行〔2017〕75号）中《国家电网公司通信运行风险预警管理规范（试行）》规定，省（市）公司通信系统运行风险预警发布条件包括但不限于：

（1）通信检修期间发生 $N-1$ 故障，可能发生八级以上电网事件或七级以上设备事件的情况。

（2）通信设备、光缆、电源、空调故障可能发生八级以上电网事件或七级以上设备事件的情况。

（3）通信设备操作、异常等可能造成跨区重要输电通道保护、安全自动控制装置退出运行或调度自动化信息中断风险的情况。

（4）遇有极端天气、自然灾害的情况，对电网或通信系统的正常运行带来较大威胁的情况。

（5）其他可能造成八级以上电网或设备事件、重大影响情况。

查：通信系统风险预警单，重大检修或自然灾害情况下是否发布通信系统风险预警单。

237. 通信应急预案的修订时限要求是什么？

答：依据《国家电网公司应急预案管理办法》（国家电网企管〔2019〕720号）规定：应急预案每3年至少修订一次，有下列情形之一的，应及时进行修订：

（1）本单位生产规模发生较大变化或进行重大技术改造的；

（2）本单位隶属关系或管理模式发生变化的；

（3）周围环境发生变化、形成重大危险源的；

（4）应急组织指挥体系或者职责已经调整的；

（5）依据的法律、法规和标准发生变化的；

（6）应急处置和演练评估报告提出整改要求的；

（7）政府有关部门提出要求的。

查：各单位通信应急预案编写和修订是否满足要求。

238. 通信设备缺陷如何分类？缺陷处置时长是如何规定的？

答：《国家电网公司通信设备缺陷管理规范（试行）》第十一条规定，根据设备缺陷的严重性程度，将设备缺陷分为五级：

（1）一级缺陷指造成一二级网通信业务中断的通信设备缺陷。发生一级缺陷时，业务抢通工作应在4h之内完成。

（2）二级缺陷指造成一二级网通信业务通道中断、设备监控失效，以及三四级网通信业务中断的通信设备缺陷。发生二级缺陷时，应在 24h 之内消除设备缺陷或降低等级。

（3）三级缺陷指造成一二级网通信业务通道的冗余策略失效、设备交叉板卡及电源板卡失备，以及三四级网通信业务通道中断、设备监控失效的通信设备缺陷。发生三级缺陷时，应在 48h 之内消除设备缺陷或降低等级。

（4）四级缺陷指造成一二级网通信设备性能指标下降、三四级网通信业务通道的冗余策略失效、三四级通信设备交叉板卡及电源板卡失备的通信设备缺陷。发生四级缺陷时，按照临时检修分工、流程和要求进行处理，应在 7 天内消除设备缺陷。

（5）五级缺陷指造成三四级网通信设备性能指标下降的通信设备缺陷。发生五级缺陷时，按照检修分工、流程和要求进行处理，应在 30 天内消除设备缺陷。

查：通信缺陷处置时长是否符合规范，通信缺陷报告是否规范填写。

239. 通信调度在故障处理时应遵循的原则是什么？

答：依据 DL/T 544—2012《电力通信运行管理规程》规定：当发生通信电路故障且业务中断时，应采取临时应急措施，首先恢复业务电路，再进行事故检修和分析。通信电路故障检修时，应按先干线后支线、先重要业务电路后次要业务电路的顺序依次进行。在通信电路事故抢修时采取的临时措施，故障消除后应及时恢复。

查：故障处理工作流程和故障处理工作记录。

240. 信息通信运行安全事件报告的主要形式有哪些？

答：《国网信通部关于印发国家电网公司信息通信运行安全事件报告工作要求的通知》（信通运行〔2016〕177号）中规定：报告分为即时报告和正式报告两种类型。即时报告是指事件发生后和事件处置过程中的快速报告；正式报告是指事件处置完毕后编制的报告。即时报告形式主要有口头报告和书面报告。口头报告是以电话和短信等方式进行简要情况汇报；书面报告是以邮件或传真方式进行详细情况汇报。正式报告是以书面形式并附有相关单位（部门）负责人签字并加盖单位（部门）印章的报告。

查：信息通信运行安全事件报告基本内容是否满足要求。

241. 遇到哪些情况，通信调度应立即向上级通信机构逐级汇报？

答：依据DL/T 544—2012《电力通信运行管理规程》规定：

（1）电网调度中心、重要厂站的继电保护、安全自动装置、调度电话、自动化实时信息和电力营销信息等重要业务阻断。

（2）重要厂站、电网调度中心等供电电源故障，造成重大影响。

（3）人为误操作或其他重大事故造成通信主干电路、重要电路中断。

（4）遇有严重影响通信主干电路正常运行的火灾、地震、雷电、台风、灾害性冰雪天气等重大自然灾害。

查：故障处理工作流程和故障处理工作记录。

242. 通信调度员离岗后应满足什么条件才能返岗？

答：《国家电网公司通信运行管理办法》[国网（信息/3）491—2014] 中规定：通信调度员离岗半年以上应重新接受培训，考核合格后方可再次上岗。

查：通信调度人员是否符合上岗要求的条件，离岗半年以上是否有考核记录。

243. 通信业务能否在没有通信方式单的情况下运行，并说明理由？

答：依据 Q/GDW 760—2012《电力通信运行方式管理规定》和《国家电网有限公司十八项电网重大反事故措施（修订版）》（国家电网设备〔2018〕979 号）的规定：正常运行中，严禁在无方式单的情况下调整通信业务的运行方式。紧急情况下，经所属通信机构的通信调度许可后可对运行方式进行临时调整，应急处理结束后，应及时恢复原方式运行；若 48h 内不能恢复原方式运行，通信运行方式人员应补充下达方式单。

查：通信方式单及通信方式工作流程是否规范。

244. 并入电力通信网的通信设备投运有什么要求？

答：依据 DL/T 544—2012《电力通信运行管理规程》规定，并入电力通信网的通信设备投运要求如下：

（1）拟并网的通信设备的技术体制应与所并入电力通信网所采用的技术体制一致，符合国际、国家及行业的相关技术标准。

（2）拟并网方的通信方案应经通信机构核定同意，并通过电网通信机构组织或参加的测试验收，其设备应具有电信主管部门或电力通信主管部门核发的通信设备入网许可证。

（3）并入电力通信网的通信设备技术指标和运行条件应符合电力通信网运行要求，并由专人维护。

（4）并入电力通信网的通信设备应配备监测系统，并能将设备运行工况、告警监测信号传送至相关通信机构。

（5）并入电力通信网的通信设备，即纳入所属电网通信机构的管理范围，应服从电网通信机构的统一调度和管理。

查：并网电厂通信设备配置是否满足并网要求。

245. 通信设备配置的通信设备网管系统或操作终端的运行管理要求是什么？

答：《国家电网公司通信运行管理办法》[国网（信息/3）491—2014]中规定：

（1）通信运维单位应制定通信设备网管运行管理规范，内容应包括日常运行管理及操作流程规范、软硬件维护、数据备份及恢复、系统管理员职责等。

（2）通信设备网管系统的计算机和维护终端为专用设备，严禁挪做他用，应有专人负责管理，禁止在网管终端上从事与设备运行维护无关的一切活动，严禁无关人员操作网管系统。

（3）通信设备网管系统操作人员在使用网管终端进行电路配置和数据修改时，应按照通信方式单或通信检修单的内容进行，并按要求办理相关手续。操作时应有人监护，并做好操作记录。重要操作和复杂操作应事先做好数据备份并制定方案。

（4）通信管理系统是通信运行管理的主要支撑平面，各类通信设备网管告警监控应接入通信管理系统进行统一监视。

查：通信设备网管系统或操作终端的运行管理是否符合要求，检查网管操作记录、工作票或操作票。

246.《电力光传输网运行维护规程》中网络运行监视有哪些要求？

答：Q/GDW 11950—2018《电力光传输网运行维护规程》中规定：

（1）运维单位通信调度值班员负责网络运行监视工作，实行 7×24h 监视；值班员应及时发现系统告警和性能异常，分析预判故障位置，指挥协调故障处置和业务恢复，并做好网络运行监视记录（值班日志）。

（2）网络运行监视记录（值班日志）应包括系统运行情况、故障（缺陷）受理及处理记录、通信方式执行情况、通信检修情况等。

（3）原则上各级电力光传输网网管应接入国家电网通信管理系统（TMS），纳入通信调度集中监视。

查：是否按照要求执行网络运行监视，是否具备网络运行监视记录（值班日志）。

247. 公司各级单位的通信设备网管系统等级保护如何定级？等级保护测评工作开展的周期为多久？

答：按照《国网信通部关于加强通信设备网管系统等级保护建设与管理工作的通知》（信通通信〔2017〕53 号）规

定：各单位要全面梳理各单位在运通信设备网管系统的等级保护现状，防范发生系统未定级、未备案、未测评、未整改等问题。其中，总部、分部和省级电力公司通信设备网管系统定三级，市县公司系统定二级。

按照《国家电网公司网络与信息系统安全管理办法》[国网（信息/2）401—2018]规定，各单位应定期组织开展在运网络与信息系统的等级保护测评和整改工作。二级系统每两年至少进行一次等级测评，三级系统和四级系统每年至少进行一次等级测评。

查：各单位通信设备网管系统的等级保护系统测评报告。

248. 通信检修安全管理的具体要求有哪些？

答：《国家电网公司通信安全管理办法》[国网（信息/3）427—2014]规定：

（1）通信设施检修前，通信运维单位应提前做好"三措一案"，做好对通信网的影响范围和影响程度的评估，开展事故预想和风险分析，制定相应的应急预案及迂回恢复方案。

（2）在发现突发事件时，检修人员必须立即汇报当值调度，确认需要进行紧急抢修的，应立即启动应急预案，严格按照应急预案进行抢修操作。

（3）通信运维单位定期对所辖通信站的通信设备及设施进行专项检查，及时排查通信安全隐患；在检修时，制定相应的标准化作业指导书，以确保工作安全。

查：检修前是否提前做好"三措一案"；是否对通信网的影响范围和影响程度进行评估；是否开展事故预想和风险

分析并制定相应的应急预案及迂回恢复方案。

249. 通信检修现场作业的"三措一案"具体要求是什么？

答：《国家电网公司通信检修管理办法》[国网（信息/3）490—2017]规定通信检修现场作业的"三措一案"要求如下：

（1）通信现场大型检修作业（指作业过程复杂、关键环节多、对通信网络影响范围大且安全风险高的作业，如光缆切改、单方向光通道中断影响其他站点通道、通信电源切改、通信设备迁改、设备软件升级涉及业务中断等），应编制"三措一案"。

（2）"三措一案"应由承担本作业任务的单位或主要作业部门编写，并按照规定办理审核批准手续。

（3）"三措一案"的内容包括：组织措施、技术措施、安全措施、施工方案。

（4）"三措一案"应经编写单位审批，编写人和审批人应对其内容负责。

查：重大通信检修"三措一案"编写内容及是否符合规范。

250. 通信检修工作申请提交的时限要求是什么？

答：《国家电网公司通信检修管理办法》[国网（信息/3）490—2017]中规定：检修申请单位应提前 5 个工作日（涉及影响国网、分部业务的临时检修应至少提前 3 个工作日，其他临时检修应至少提前 2 个工作日）在通信管理系统中填写通信检修申请票，关联相应的检修计划，并将检修方案作为通信检修申请票的附件一并提出。

251. 通信检修开工流程是什么？

答：《国家电网公司通信检修管理办法》[国网（信息/3）490—2017] 中规定通信检修开工流程如下：

（1）检修施工单位根据检修内容，依据 Q/GDW 721—2012《电力通信现场标准化作业规范》准备工器具和材料，明确现场作业人员及责任分工，确认组织、技术和安全措施到位。

（2）变电站进行的通信检修工作，检修施工单位应至少提前 1 个工作日通知电网运维单位相关检修内容，检修当日填写现场工作票（变电站第二种工作票）并办理现场开工手续，电网运维单位应配合相关生产区域内的通信检修工作。独立通信站或中心机房进行的通信检修工作，检修施工单位应填写通信工作票，并履行审批程序。

（3）检修施工单位确认具备开工条件后，以电话方式向所属通信调度申请开工。

（4）相关通信调度均应与本级电力调控中心或业务部门电话沟通，确认本级电网通信业务保障措施已落实、受影响的继电保护及安全自动装置已退出、有关用户同意中断受影响的电网通信业务、通信网运行中无其他影响本次检修情况。

（5）相关通信调度以电话方式逐级许可开工。

（6）所属通信调度下达开工令。

查：通信检修流程实施情况，是否按照检修内容办理对应的开工手续；是否根据工作内容开展保障措施。

252. 通信机房巡视检查应包含哪些内容？

答：Q/GDW 1804—2012《通信站运行管理规定》中规

定通信机房巡视、检查主要项目如下：

（1）空调机（系统）运行是否正常，环境温度、湿度是否满足要求。

（2）消防、防盗、防人为破坏等安全设施是否完好，门磁告警灯机房环境监测是否正常。

（3）防小动物设施是否完好，防自然灾害措施是否完善。

（4）机房是否存放易燃易爆、腐蚀性、强磁性物品和其他杂物。

（5）蓄电池室防爆灯具、通风换气设施工作是否正常。

查：通信机房巡视检查工作开展情况，巡视是否符合要求。

253. 通信设备接地系统检查和维护工作要求是什么？

答：《国家电网有限公司十八项电网重大反事故措施（修订版）》（国家电网设备〔2018〕979号）中规定：每年雷雨季节前应对接地系统进行检查和维护。检查连接处是否紧固、接触是否良好、接地引下线有无锈蚀、接地体附近地面有无异常，必要时应开挖地面抽查地下隐蔽部分锈蚀情况。独立通信站、综合大楼接地网的接地电阻应每年进行一次测量，变电站通信接地网应列入变电站接地网测量内容和周期。微波塔上除架设本站必需的通信装置外，不得架设或搭挂可构成雷击威胁的其他装置，如电缆、电线、电视天线等。

查：运维人员对通信设备接地系统检查和维护工作要求是否清楚。

254. 哪些工作应填写电力通信工作票？

答：《国家电网公司电力安全工作规程（电力通信部分）》（试行）中规定应填用电力通信工作票的工作为：

（1）国家电网公司总（分）部、省电力公司、地市供电公司、县供电公司本部和县供电公司以上电力调控（分）中心电力通信站的传输设备、调度交换设备、行政交换设备、通信路由器、通信电源、会议电视 MCU、频率同步设备的检修工作。

（2）国家电网公司总（分）部、省电力公司、地市供电公司、县供电公司本部和县供电公司以上电力调控（分）中心电力通信站内和出局独立电力通信光缆的检修工作。

（3）电力通信站通信网管升级、主（互）备切换的检修工作。

（4）变电站、发电厂等场所的通信传输设备、通信路由器、通信电源、站内通信光缆的检修工作。

（5）不随一次电力线路敷（架）设的骨干通信光缆检修工作。

查：通信工作票票面规范性及通信工作是否使用通信工作票。

255. 为防止电力通信网事故，对进入调度大楼、变电站及发电厂的光缆敷设有什么要求？

答：《国家电网有限公司十八项电网重大反事故措施（修订版）》（国家电网设备〔2018〕979 号）中规定：县公司本部、县级及以上调度大楼、地（市）级及以上电网生产运行单位、220kV 及以上电压等级变电站、省级及以上调度管辖范围内的发电厂（含重要新能源厂站）、通信枢纽站应具备两条及以上完全独立的光缆敷设沟道（竖井）。同一方向的多条光缆或同一传输系统不同方向的多条光缆应避免同路由敷设进入通信机房和主控室。

查：通信运行方式；调度大楼、变电站及发电厂光缆通道路由图；现场检查光缆敷设情况。

256. 电力系统通信光缆安装工艺规范中对 OPGW 光缆进站接地如何要求？

答：Q/GDW 10758—2018《电力系统通信光缆安装工艺规范》中规定：OPGW 进站接地应采用可靠接地方式，OPGW引下应三点接地，接地点分别在构架顶端、最下端固定点（余缆前）和光缆末端，并通过匹配的专用接地线可靠接地；室内站 OPGW 光缆引入应符合设计要求，接续盒固定点合理，接地可靠，构架牢固；特殊情况下，如电铁牵引站等要求不接地的，可采用绝缘方式，OPGW 应在站外终端杆塔处接地，在站内 OPGW 采用带放电间隙绝缘子与构架绝缘。

查：OPGW 站内构架引下线三点接地情况。

257. 跨越高速铁路、高速公路和重要输电通道（"三跨"）的光缆应如何选型？

答：《国家电网有限公司十八项电网重大反事故措施（修订版）》（国家电网设备〔2018〕979 号）中规定：跨越高速铁路、高速公路和重要输电通道（"三跨"）的架空输电线路区段光缆不应使用全介质自承式光缆（ADSS），宜选用全铝包钢结构的光纤复合架空地线（OPGW）。

查：通信光缆"三跨"是否满足以上要求。

258. 电力系统通信导引光缆安装要求有哪些？

答：Q/GDW 10758—2018《电力系统通信光缆安装工艺规范》中规定：

（1）导引光缆应采用非金属防火阻燃光缆，并在沟道内全程穿放阻燃防护子管或使用防火槽盒，在门型架至电缆沟地埋部分应全程穿热镀锌钢管保护，钢管应全部密闭，需焊接部分应使用套焊并在焊接处做防水处理；钢管埋设路径上应设置地埋光缆标示或标牌，钢管出地面部分应与架构牢固固定，钢管出口应使用防火泥或专用封堵盒进行防水封堵。钢管直径不小于 50 mm，且与接地网有效连接；钢管弯曲半径不小于 15 倍钢管直径，且使用弯管机制作。

（2）导引光缆在电缆沟内穿阻燃子管保护并分段固定在支架上，保护管直径不小于 35mm。

（3）导引光缆在两端和沟道转弯处设置醒目标识。

（4）导引光缆敷设弯曲半径不小于 25 倍光缆直径。

（5）小动物活动频繁区域的导引光缆余缆和接续盒等不能裸露在外，应固定在地面的余缆箱内，避免导引非金属光缆被小动物外力破坏。

查：电力系统通信导引光缆的安装是否符合要求。

259. 通信站点的通信电源配备是如何规定的？

答：《国家电网有限公司十八项电网重大反事故措施（修订版）》（国家电网设备〔2018〕979 号）规定：县级及以上调度大楼、地（市）级及以上电网生产运行单位、330kV 及以上电压等级变电站、特高压通信中继站应配备两套独立的通信专用电源（即高频开关电源，简称通信电源）。每套通信电源应有两路分别取自不同母线的交流输入，并具备自动切换功能。

通信电源的模块配置、整流容量及蓄电池容量应符合Q/GDW 11442—2015《通信专用电源技术要求、工程验收及运行维护规程》要求。通信电源直流母线负载熔断器及蓄电池组熔断器额定电流值应大于其最大负载电流。

通信电源每个整流模块交流输入侧应加装独立空气开关；采用一体化电源供电的通信站点，在每个 DC/DC 转换模块直流输入侧应加装独立空气开关。

查：现场检查通信电源配置及运行情况和相关运维资料（通信站通信设备供电系统图等）。

260. 通信高频开关电源的整流模块配置数量技术要求是什么？

答：Q/GDW 11442—2015《通信专用电源技术要求、工程验收及运行维护规程》4.2.4.3 规定：−48V 高频开关整流模块配置数量应不少于 3 块且符合 $N+1$ 原则，容量应在模块数量为 N 的情况下大于本套高频开关电源蓄电池组容量的 10%与通信站总负载容量之和；承载一、二级骨干通信网业务或 220kV 及以上继电保护、安全控制业务的通信站，容量应在模块数量为 N 的情况下大于本套高频开关电源蓄电池组容量的 20%与通信站总负载容量之和。

查：通信高频开关电源整流模块配置情况是否满足以上要求。

261. −48V 高频开关电源系统接线方式如何规定？

答：Q/GDW 11442—2015《通信专用电源技术要求、工程验收及运行维护规程》中规定：

（1）配置一套高频开关电源系统时，高频开关电源系统的交流电源输入应由来自不同交流母线的两路电源供电。配电屏（单元）、蓄电池组通过熔断器等过载保护装置与高频开关电源相连。

（2）配置两套高频开关电源系统时，高频开关电源系统宜采用 Q/GDW 11442—2015《通信专用电源技术要求、工程验收及运行维护规程》中规定的接线方式，每套高频开关电源直流输出分别接于独立的母线段。

（3）母联开关应采用手动切换方式。

（4）具有双电源输入功能的通信设备，由通信设备柜内的直流分配开关供电时，需配置两组独立的直流分配开关，分别与两套高频开关电源系统独立连接，禁止形成并联。

（5）由 −48V 高频开关电源系统供载的单电源供电线路保护接口装置和其对应的单电源供电通信设备（如外置光放、PCM、载波设备等）应由同一套 −48V 高频开关电源系统供电。

查：−48V 高频开关电源系统接线要求。

262. 通信站的通信设备、电源及机房动力环境监控应满足什么要求？

答：《国家电网有限公司十八项电网重大反事故措施（修订版）》（国家电网设备〔2018〕979 号）中规定：通信站内主要设备及机房动力环境的告警信息应上传至 24h 有人值

班的场所。通信电源系统及一体化电源－48V 通信部分的状态及告警信息应纳入实时监控，满足通信运行要求。

查：设备、电源和动力环境信息是否接入监控系统并上传至有人值班场所。

263. 220kV 及以上电压等级线路的保护安控通信通道及承载设备应满足什么要求？

答：《国家电网有限公司十八项电网重大反事故措施（修订版）》（国家电网设备〔2018〕979 号）规定：同一条 220kV 及以上电压等级线路的两套继电保护通道、同一系统的有主/备关系的两套安全自动装置通道应采用两条完全独立的路由。均采用复用通道的，应由两套独立的通信传输设备分别提供，且传输设备均应由两套电源（含一体化电源）供电，满足"双路由、双设备、双电源"的要求。

查：220kV 及以上电压等级线路的保护安控通信通道是否符合以上要求。

264. 继电保护和安全自动装置业务通道专项检测内容及要求是什么？

答：Q/GDW 11950—2018《电力光传输网运行维护规程》规定继电保护和安全自动装置业务通道专项检测内容及要求包括但不限于：

（1）检查线路纵差保护业务通道是否满足收、发路径和时延相同要求，禁止线路纵差保护业务通道使用单向通道倒换环和单向复用段倒换环，禁止对在运的线路纵差保护业务通道在任何环节进行交叉、自环作业。

（2）核查 2M 保护通道切换装置时钟设置是否与继电保护装置时钟设置匹配。

（3）核查同一条 220kV 及以上电压等级线路的两套继电保护通道、同一系统的有主/备关系的两套安全自动装置通道是否满足"双路由、双设备、双电源"要求。

（4）检测继电保护通道单向时延是否满足小于 10ms 要求。

查：继电保护和安全自动装置业务投运前测试资料，运行方式安排是否满足"三双"要求。